科学的に見る SDGs時代のごみ問題

松藤敏彦 著

丸善出版

はじめに

ごみ処理の現場には、まことしやかに信じられている言い伝えのようなものがある。

「三月にごみが増えるのは、引っ越しが多いからだ。」

これは筆者がごみの研究を始めてまもなくのころ、北海道内自治体の収集関係者から聞いたものである。卒業・入学、異動の時期なのでもっともらしく思えるが、調べてみると引っ越しは年中ある。ごみ量の変化を細かく見ると、ピークが年によって異なるのもおかしい。結局、積雪の減り始めとともにごみ量が増え始め、積雪がゼロとなって約一週間後にピークとなることがわかった。つまり、春を迎えて片付け行動が始まることが、ごみ量の増加として表れたということである。積雪の減り始めは気温の上昇とよい相関があり、非降雪地域でも春先には同様の傾向が見られる。

いまではごみ問題やリサイクルへの関心が高まったこともあって、こうした言い伝えが、ごみ処理の現場を越えて、自治体関係者や市民にまで広がっているように感じる。「ごみ処理よりもリサイクルする方がよい」「分別の数は多い方がよい」などがその代表である。しかしリサイクルされる製品や素材の種類は多く、資源化方法も利用先もそれぞれ異なる。ごみ処理の代表として焼却があるが、最近ではエネルギー回収率の高い施設もあって、二酸化炭素排出量の削減に役立っている。それでもリサイクルがよく、ごみ処理がダメと言い切れるのだろうか。また、分別の数が多いと、収集されたあとでどのようなメリットがあるのだろうか。細かく分けるほど環境に優しいのだろうか。「ごみゼロを目指すべきだ」「環境影響はゼロに近い方がよい」という考えも広く信じられている。ごみをゼロにすることは現実的に可能だろうか。何をどれだけ減らそうというのだろうか。環境影響は、どこまで小さくする必要があるのだろうか。そのために費用が増大するのではないだろうか。

「循環型社会、持続可能な社会」などの概念も、「疑うこともなく正しい」とされているという点で、言い伝えに似ている。循環型社会とは、「天然資源の消費を抑制し、環境への負荷をできる限り減らす社会」であって、その手段として3Rと適正処理があるのだが、3Rが目的と勘違いされていないだろうか。また循環という言葉からリサイクルがもっとも重要と考えることはないだろうか。もしそうだとしたら、本来の目的からはずれて、手段の目的化となってしまう。残るのは、実行しているとの満足感、幸福感だけかもしれない。最近、SDGs（持続可能な開発目標）とサーキュラーエコノミーがさかんに取り上げられる。SDGsは一七のゴールを掲げており、様々な学問分野、国・自治体・企業レベルで、「SDGs時代に取り組むべきこと」が検討されている。またサーキュラーエコノミー（循環経済）は世界の仕組みを変えるかのような響きがあり、日本でもプラスチック戦略の前段として紹介され、新たな取組が展開されようとしている。こうした言葉は、社会全体の認識や価値観を大きく変化させる、いわゆるパラダイムシフトの崇高さを感じさせ、無条件に受け入れたくなる。しかしその概念に至った歴史的な背景、解決すべき具体的問題、優先課題とその解決手段などが理解されないと、雰囲気を利用するだけになるかもしれない。

ごみ処理やリサイクルに関する意見の多くは、十分な根拠や説明がないまま、よいか悪いかに「二分」にされているように思える。環境先進国の一つと言われるドイツの友人が「サイエンス（科学）がないと、廃棄物処理はポリティカル（政治的）、ソーシャル（社会的）な問題となる」と言った。ごみ処理施設の建設計画が持ち上がると、住民による強い反対があり、そこにはエモーショナル（感情的）な側面も加わる。感情的な反対に対しては説明の努力は伝わらないし、説明自体が誠意を一生懸命に示すだけで終わっているかもしれない。最近重要視されるアカウンタビリティは説明責任と訳され、情報の透明性も求められている。しかし本当に必要なことは、目的・根拠を明確とした「サイエンスに基づく説明」であり、市民も同じレベルで協力することである。

本書でいうところのサイエンスは決して難しいことではない。収集日にステーションへ正しく分別して出すことはリサイクルの始まりにすぎず、そのあとでどのように処理され、最後はどのように使われるかまでを確認できて、ようやく完結する。モノの流れを最初から最後まで追うこと、この視点をもつことが大事である。「ごみや資源のライフサイクル（生涯）をとおしてのマテリアルフロー（モノの流れ）をたどり、その定量的な結果を論理的に解釈すること」、これが科学的な見方である。家庭で発生するごみをどれだけ減らせるか、分別がよいとあとの処理で何がよくなるのかは、マテリアルフローの情報から課題を明らかにすることで、改善策を導ける。またリサイクルとごみ処理のどちらがよいかは、ライフサイクルをとおして見ないと答えを出すことはできない。

家庭で要らなくなったものはどのように処理するのか、資源物は何に利用されるのかを、自治体は説明できなければならない。市民は盲目的に分別ルールを守るばかりでなく、排出したあとの行方、最終的な処理方法や資源の利用方法を理解した上で、さらに協力度を高めなければならない。マテリアルフローを分析することは研究者の仕事であるが、ごみ処理、リサイクルを計画・実施するのは自治体、実行するのは市民である。サイエンスに基づく理解と実行の増進に役立つこと、これが本書の意図である。

各章では次のような「言い伝え」を取り上げた。読者にとって科学的な見方のヒントになれば幸いである。

第1章　リサイクルはごみ処理よりよい。
第3章　分別は細かく種類は多いほどよい。分別ルールを守ることが大事だ。
第4章　リサイクルは適正に行われているはずだ。
第5章　海洋プラスチック問題のため、使い捨てを止めるべきだ。
第6章　リサイクル率は高いほどよい。ごみはゼロまで減らすべきだ。
第7章　基準値を超えたら危ない。より安全な施設が必要だ。
第8章　産業廃棄物は危ない。市町村のごみ処理は安全だ。

二〇一九年一一月

松藤敏彦

目　次

序章

二〇一五年に国連で採択された持続可能な開発目標（SDGs：Sustainable Development Goals）が、各界の目指すべき方向性とされている。近年見聞きすることの多いＳＤＧｓとは、それまでの持続可能な開発（Sustainable Development）とどのように違うのだろうか。日本のごみ処理が目指してきた循環型社会とはどのような関係にあるのか。ごみ処理の目標も変えなければならないのだろうか。

新しい概念が登場すると、私たちは世界の目標が変わったかのように感じることがある。しかし歴史を振り返るとわかるように、まったく新しい概念が突然に現れることはまれであり、多くの場合はそれまでの概念を修正、変更、あるいは一部を追加したものであって、そうしなければならなかった背景がある。そこで序章では、環境に対する意識変化やごみ問題の経緯を簡単に振り返りながら、ＳＤＧｓに至った経緯を見てみよう。

環境の容量には限界がある

私たち人間は、自然から様々な資源を採取している。排出物についてはその処理を自然の力に依存してきた。すなわち、生ごみは地中に埋め、燃えるものは燃やし、汚水は川に流すか土の上にまいてしまえばよかった。これは排出物に含まれる物質が大気や水の中で薄まり、かつ自然が浄化能力をもつからである。二〇世紀の前半までは、「毒は薄めて捨てる」という処理が普通であった。もちろん川や空気の汚れは当時の人にとっても不快であったであろうが、健康や環境への影響は軽視されていたわけである。しかし、一九六〇年代に状況は一変した。

最初のきっかけは、米国の海洋生物学者であるレイチェル・カーソンが著書『沈黙の春』の中で化学物質がヒトと生態系に与える影響を紹介したことである。一九三九年に殺虫剤としての効果が発見された化学物質ＤＤＴは、マラリアを撲滅して多くの人々の命を救った。だが、人体には無害で伝染病を媒介する害虫だけを駆除すると思われたＤＤＴは、えさと捕食者の間の食物連鎖の中で、様々な生物の体内に蓄積されることがわかった。化学物質の効果が持続するのは自然界で分解せずに残るためで、ある程度蓄積が進むと、生体や環境に影響を及ぼすようになる。自然の対応能力を「環境容量(carrying capacity)」という。元来は自然が浄化できる能力を指していたが、様々な化学物質に対しての容量は小さく、むしろ、濃縮装置として働くのである。

自然がもつ環境容量の「限界」は、世界の共通認識となった。一九七二年の国連人間環境会議（ストックホルム会議）では環境問題を人類に対する脅威とし、資源保護、有害物質の排出規制など二六原則からなる人間環境宣言を採択した。会議の公式スローガン「かけがえのない地球（Only One

Earth)」は、世界が共通して取り組むべき姿勢を表している。一九六五年の国連演説では「私たちは、全員がともに小さな宇宙船に乗って旅行している乗客で、わずかな空気と土に依存している」と「宇宙船地球号（Spaceship Earth)」のたとえがなされた。一九七二年には民間シンクタンク、ローマクラブの報告書『成長の限界（Limit to Growth)』が、「人口増加や環境悪化、資源消費がこのまま続くと、地球は破局を迎える」と警鐘を鳴らした。その副題は「人類の危機レポート」であった。

なお「環境問題」という言葉が現在の意味で使われ始めたのも一九六〇年代ころからであり、現在でようやく六〇年ほどになるのである。

世界共通の目標——持続可能な開発

公害に代表されるように、環境問題は加害者（原因者）と被害者が明確な地域的な問題であった。ところが温暖化、酸性雨、オゾン層破壊などの地球環境問題は、影響が国境を越え、しかも原因者、被害者がともに不特定多数であり、世界が協力すべき課題となった。資源や環境の限界、国境を越えた取組の必要性が認識され、「持続可能な開発」が世界共通の目標とされた。一九八七年に国連の「環境と開発に関する世界委員会」が報告書『われら共有の未来（Our Common Future)』で取り上げ、「将来の世代の必要性を満たす能力を害することなく、現在の世代がその必要性を満たすことのできるような発展」と定義されている。

また、人間の行為が環境に大きな影響を与えるとの認識が広まったのも同時期のことである。一九八九年にアラスカ湾沖でタンカー（エクソン・バルディーズ号）が座礁し、四万キロリットルもの原油が海岸に漂い、魚、海鳥、ラッコ、アザラシが油まみれになった。この事件をきっかけに、企業は社会に対して責任を有するという「社会的責任」(CSR : Corporate Social Responsibility)が、各企業に求められるようになった。企業の評価基準として、一九九七年に英国サステナビリティ社が経済、環境、社会の三つの側面で評価することを提唱した。これを「トリプル・ボトムライン」と呼ぶ。ボトムラインとは収支決算書の最終行、すなわち収益と損失の合計欄のことである。現在では、持続可能性(サステナビリティ、sustainability)の条件と考えられている。

日本における廃棄物処理の目標の変化

日本では一九九〇年代に、焼却施設からのダイオキシン排出、廃棄物の不法投棄と不適正処分の増加、埋立地からの汚水漏出などが社会問題化し、それまでの大量生産・大量消費を見直して循環型社会を形成することが目標となった。二〇〇〇年に循環型社会形成基本法が制定され、これに伴って容器包装リサイクル法、家電リサイクル法、自動車リサイクル法などが整備された。

二〇〇七年、『二一世紀環境立国戦略の策定に向けた提言』の中で、図0・1のように持続可能な社会形成のための重要な三つの柱が示された。循環型社会の形成とは資源循環の促進を意図するものであったが、これと温室効果ガス排出削減を目指す低炭素化社会の形成、および自然共生の成立を併せて、持続可能な社会を形成するとしたのである。

こうした経緯とともに、日本の廃棄物処理の目標は変化してきた。順を追って見ると、まず一九七〇年に廃棄物処理法が制定され、生活環境の保全と公衆衛生の向上を目的として、発生したご

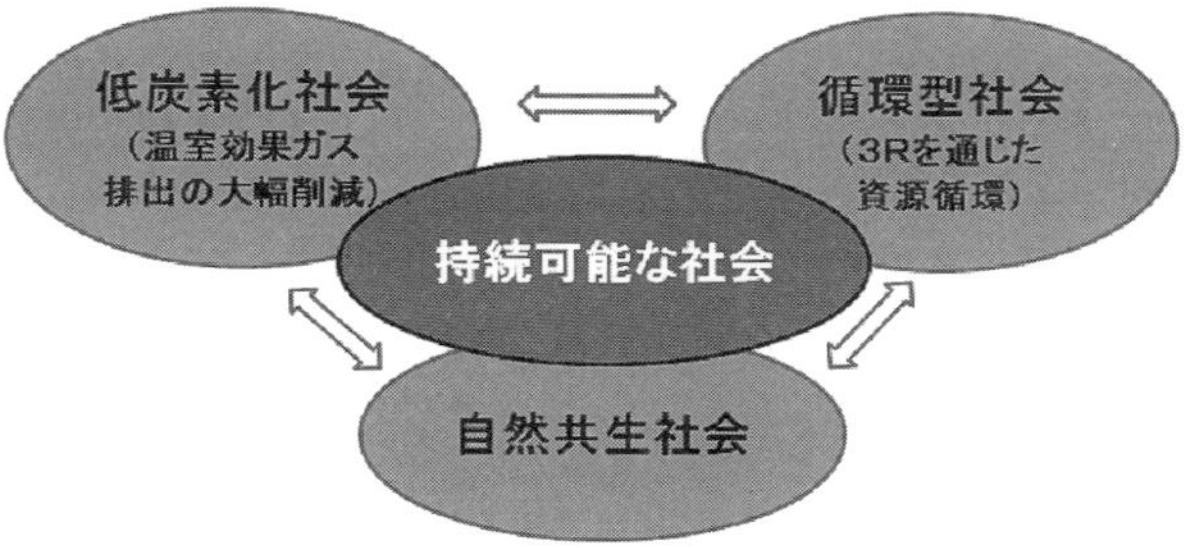

図０・１　持続可能な社会の三本柱

みを処理する施設整備が目標とされた。同時に環境基準が定められ、廃棄物処理施設に対しては排出基準が設定され、環境影響低減の時代に入った。一九九〇年代になると循環型社会形成が目標となり、同時にダイオキシン問題を背景として、健康リスクの低減が求められるようになった。そして二〇〇七年以降に低炭素化の目標が加わり、持続可能な社会の形成が目標とされた。

自治体のごみ処理は、まず循環型社会形成に向けて、すなわち資源循環のために多様な資源の回収・再資源化が行われるようになり、低炭素化のために廃棄物エネルギーの回収、廃棄物系バイオマスの有効利用促進もオプションとして付け加わった。その結果、収集区分の増加、新たな技術の導入、また回収物等の利用先確保など、現在の廃棄物処理は選択肢が多岐にわたる大変に複雑なシステムとなった。

ＳＤＧｓ時代における廃棄物処理とは

それでは、持続可能な開発目標（ＳＤＧｓ）の中で、廃棄物処理には何が求められるのだろうか。ＳＤＧｓは、『持続可能な開発のための二〇三〇アジェンダ』に記載された二〇一六年から二〇三〇年までの国際目標である。その内容は、二〇〇一年に策定されたミレニアム開発目標（ＭＤＧｓ）の後継とされ、表０・１のような関係にある。まずＭＤＧｓを見ると環境の持続可能性確保以外は、貧

表0・1　持続可能な開発目標の構成

ミレニアム開発目標（MDGs）	持続可能な開発目標（SDGs）
極度の貧困と飢餓の撲滅	1　貧困をなくそう 2　飢餓をゼロに 3　すべての人に健康と福祉を
普遍的な初等教育の達成	4　質の高い教育をみんなに
ジェンダー平等の推進と女性の地位向上	5　ジェンダー平等を実現しよう
乳幼児死亡率の削減 妊産婦の健康の改善	6　安全な水とトイレを世界中に
HIV/エイズ，マラリア，その他の疾病のまん延防止	
	8　働きがいも経済成長も 9　産業と技術革新の基盤をつくろう 10　人や国の不平等をなくそう
環境の持続可能性を確保	7　エネルギーをみんなに，そしてクリーンに 11　住み続けられるまちづくりを 12　つくる責任，つかう責任（消費と生産） 13　気候変動に具体的な対策を 14　海の豊かさを守ろう 15　陸の豊かさも守ろう
開発のためのグローバルなパートナーシップの推進	16　平和と公正をすべての人に 17　パートナーシップで目標を達成しよう

困、教育、ジェンダー平等、乳児の死亡などの社会的側面である。SDGsではエイズやマラリア対策は達成されたとして除かれているが、全体として項目がさらに細分化されており、№8~10は経済の持続性を考慮したものである。「誰ひとり取り残さない」をスローガンとし、環境、社会、経済の三つの側面が揃っている。

表0・1の中で廃棄物に関連があるものとして、環境省は、№12では食品ロスとともにすべての廃棄物管理、廃棄物の3Rなどを、また№14では海洋汚染の防止を挙げている[1]。これらは、以前から日本の廃棄物処理、リサイクルが取り組んできたことであるが、いっそうの注目を浴びている。またトリプル・ボトムラインの視点から見ると、廃棄物処理はもともと社会的な側面に関する課題を多く抱えている。分別収集にはすべての市民が関わり、リサイクルの実施状況や、不適正処理の問題、有料化の是非などへの関心は高い。行政は市民の理解を求め、施設建設の際には住民といかにコミュニケーションを図るかが重要な問題になる。そのため、ごみに関する問題は、市民にとってもっとも身近な環境問題と言える。

限界を数値化したプラネタリー・バウンダリー

プラネタリー・バウンダリー(Planetary Boundary)との関係も見ておこう。プラネタリー・バウ

[1] 環境省、すべての企業が持続的に発展するために——持続可能な開発目標(SDGs)活用ガイド——資料編、平成三十年六月

ンダリー[2]は、持続可能な発展の前提条件とされる概念であり、気候変動などの対象について、ひとたび越えてしまうと対応不可能な環境の変化が起こる境界を指す。これらは地球環境問題の従来からのカテゴリーであり、その定量的評価を図ったものといえる。

不確実性はあるとしながらも、すでに生物多様性の損失、窒素・リンの循環はハイリスク、気候変動、土地利用変化はリスクが増加しているとしている。安全域にあるのは成層圏オゾン破壊、淡水利用、海洋の酸性化であり、大気エアロゾルの負荷、化学物質による汚染は、境界がまだ未設定である。バウンダリーは、境界と訳される場合もあるが、環境省も採用している「地球の限界」と訳語をあてるほうが内容に適している。つまり、一九七〇年代から意識された限界を、これまでの知見をもとに対象別に評価したものといえる。

[2] Will Steffen *et. al, Planetary boundaries: Guiding human development on a changing planet,* Science, 13 Feb 2015, Vol. 347 Issue 6223.

第1章　リサイクルはごみ処理よりよいのか？

リサイクルとは循環すること

「ごみとして処理するよりリサイクルする方がよい」「リサイクルは環境に優しい」「リサイクル率を上げよう」「正しく分別することが必要だ」。多くの市町村が目標として掲げ、広報などで市民に協力を求めている。市民もまたそれに応じることが当然と考え、市町村が定める細かい分別に協力する。

リサイクルについては、特に正しい分別の必要性が強調される。市民が直接関わるのはごみステーションなどに出すまでなので、「きちんと分別すること＝リサイクルへの協力」と、ほとんどの市民は考えているのではないだろうか。しかし市民の分別排出はリサイクルの始まりにすぎず、資源物は収集され、選別や再資源化など何らかのプロセスを経たのちに、最終的に利用者へと届けられる。市町村が「適正に処理・リサイクルしている」と想像するだけで「リサイクルに協力した」というには、早すぎる。そもそも、リサイクルとは、「何」を「どうする」ことをいうのだろうか。「サイクル」とは循環を意味する言葉だが、何のサイクル（循環）であろうか、そしてなぜそれに再びを意味する「リ」をつけるのだろうか。

製品は原材料採取→素材製造→製品製造→利用→廃棄のプロセスをたどる。この流れは一方通行だが、リサイクルとは、「利用ののち、再度（Re）原材料として利用し、サイクル（循環）を閉じる」との意味である。この「サイクル」が形成されなければリサイクルは完結しない。ごみ処理よりリサイクルがよいかどうかは、回収したあとのことまで考えなければわからない。またリサイクルの対象となるのは、様々な製品、素材などである。どのリサイクルも「環境に優しい」のだろうか。例えばガラスびん、ペットボトル、容器包装プラスチック、家電製品は、再資源化の方法や、回収したものの利用方法が同じではない。家電製品は、収集方法がペットボトルなどとは違う。サイクルを閉じるリサイクルの易しさ／難しさは、すべて同じではない。

以前からあるリサイクルは循環に無理がない

様々なリサイクルのうち、古紙とガラスびんについては古くから行われているが、これはリサイクルが容易であったためである。まず再生することが難しくない。紙は植物などの繊維を水中でほぐし薄く固めたものなので、繊維をほぐせば再び紙にできる。古くは平安時代にも古紙利用の記録があり、墨の色が残るので薄墨紙（うすずみがみ）と呼ばれていた。ガラスびんのうちビールびん、一升びん（一・八リットルびん）などは洗って何度も使うことができるので、リターナブルびんと呼ばれる。かつては清涼飲料水にもリターナブルびんが多く使われていた。

さらに古紙とリターナブルびんに共通するのは、発生量が多く、大量に引き取る利用者が存在したことにある。古紙のリサイクルは図１・１のような循環となり、再生の容易さ、循環量の多さ、安定した利用先の存在が、無理なくリサイクルが継続できている理由である。リサイクルは「回収・収集」行為がないと始まらないが、古紙は一九六〇年代にはちり紙交換が、一九七〇年代からは町内会や学校などによる集団回収が効率的な回収方法となっている。リターナブルびんは酒屋が箱ごと配達し、その際に空きびんを回収していた。空きびんを集めて洗浄し、飲料製造メーカーに引き渡す業者を、びん商と呼んでいる。古紙の場合、びん商にあたるのは古紙問屋であり、大手ユーザーの製紙業があるため、経済的にも利潤を生む「業」として成立している。そもそも製紙業における古紙の利用は、紙の需要が増えて木材の入手が難しくなったことから始まっている。天然資源の不足が動機となったわけで、これは現在、他のリサイクルにも共通している。（リターナブルびんのリサイクルは、そのまま再使用するので正しくはリユースである。）

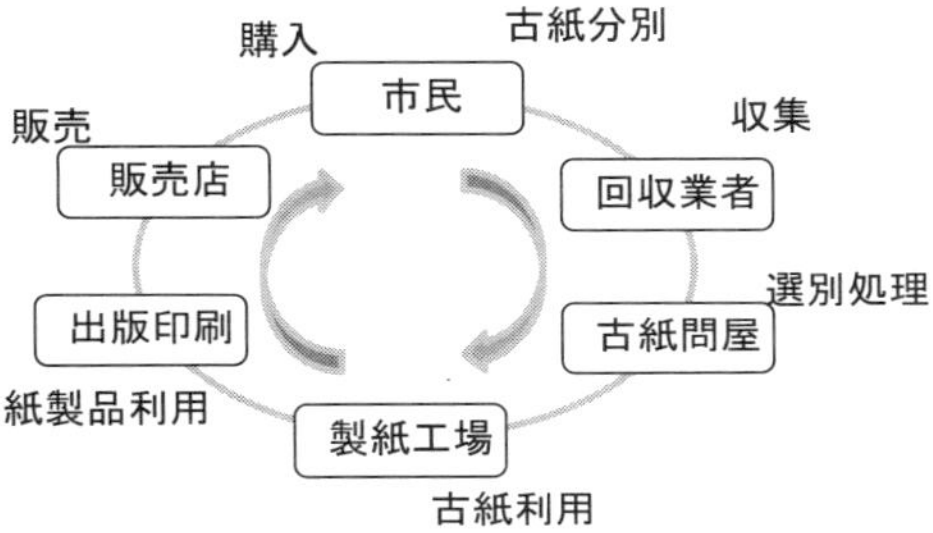

図１・１　リサイクルの循環（古紙）

スチール缶やアルミ缶も、量の多さ、資源化方法のシンプルさ、安定した利用先があるという点で、リターナブルびんや古紙に似た有利さがある。スチール缶は電気炉や転炉で約一六〇〇℃に加熱し、とけた鉄をのばして鉄の棒にする。アルミ缶も溶解炉でとかし、地金というかたまりにする。アルミ缶は再びアルミ缶の材料に使用されるが、スチール缶は鉄スクラップの流通量が大変多いため、様々な製品に再利用されている。

最近のリサイクルは循環システムをつくらなければならない

リターナブルびん、缶、古紙を伝統的なリサイクルとすると、新たに加わったリサイクル対象の代表が容器包装材である。ごみ処理では、収集や埋立、あるいは施設の保管や処理装置に投入する際に、ごみの重量よりも容積の大きさが影響する。家庭ごみの中で容器包装の占める割合は、重量では四分の一だが容積の三分の二を占めることから、一九九七年に容器包装リサイクル法が施行された。消費者が分別排出、市町村が収集、製造利用事業者が再商品化を行うとの役割分担が示され、市町村での分別収集が開始された。対象とする容器包装材は段階的に増やされたが、ガラス製容器、紙パックとともにペットボトルが最初の対象となった。

ペットボトルが日本で認可されたのは一九七七年であり、清涼飲料への使用が可能となった一九八二年以降、増加を続けている。ガラスびんに対しては軽さ、丈夫さの面で、また缶に対しても透明さ、ふたができるとの優位性がある。飲料容器はガラスびん→スチール缶・アルミ缶→ペットボトルへと主な材質が変化し、ペットボトルの八七％（重量割合）は清涼飲料に使用されている。[1] この背景にはスーパーマーケットや自動販売機による販売形態の変化もあり、一方でリターナブルびんが激減して、伝統的なリユースが危機的な状況に置かれている。

現在も安定した回収が行われている古紙と比べると、ペットボトルのリサイクルは異なる点ばかりである。まず集めることから始めなければならない。容器包装リサイクル法の仕組みのもとで市町村が新たに分別回収することになったが、軽いことのメリットが逆に「かさばる」という欠点となり、収集の効率が悪い。資源化技術の利用も、新たに整備しなければならなかった。集められたペットボトルは圧縮してワイヤーがけし、ブロック状とする。資源化業者に送ると、細かく砕いてフレーク状にされ、洗浄、金属・塩化ビニルなどを除去したのちに、溶かして粒状のペレットになる。たまごパックなどのシート、スーツやフリースなどの繊維としての利用が中心である。[1]

ペットボトルは単一樹脂であるが、様々な素材からなる容器包装プラスチックは、さらに困難が大きい。かさばるので収集効率は悪く、人の目による選別（手選別）、金属の除去、近赤外線などの装置による素材の区別、水中で重さの違いでわける比重選別、風で軽いものを飛ばす風力選別、そして洗浄などの組合せが必要になる。利用方法としてはプラスチック製品原料に使う材料リサイクル（マテリアルリサイクル）が優先されており、そこでも選別が繰り返される。

利益が得られるならば、経済活動の「業」として回収が進むはずである。新たな対象についてはそれがないので、収集～資源化～利用のための仕組み・システムづくりのための法律整備が必要となった。私たちの日常生活に関係がある家電リサイクル、自動車リサイクルも同様である。そのためには費用が必要で、容器包装リサイクル法はリサイクルのための費用を容器の製造、利用（容器を使って販売）事業者が負担することとなっている。これは、製品使用後の処理やリサイクルまでの責任を負

[1] ＰＥＴボトルリサイクル推進協議会、統計データ、ボトル用樹脂需要動向、二〇一七年
http://www.petbottle-rec.gr.jp/data/demand_trend.html

わせるという、拡大生産者責任（EPR：Extended Producer Responsibility）の考えによっている。家電はメーカー自身が選別施設を新たにつくるなどしてリサイクルを実施している。拡大生産者責任の考えは画期的であるが、家電製品は買い替えの際にリサイクル処理券を購入しなければならないし、容器包装は自治体が収集する仕組みとなっているので、最終的には消費者が多くを負担していることになる。

容器包装にも紙、プラスチック、アルミ、スチール、ガラスびんなどの種類があり、生ごみのリサイクルもある。これらの対象によって、リサイクルは技術的、コスト的な難易度に大きな幅がある。必要な費用とリサイクルのメリットを比べないと、何でもリサイクルをということにはならず、ごみとして処理した方がよいものもある。例えば、文具類や日用品は大量に集めることができず、様々な素材が複合しているので、リサイクルよりもごみとして処理することが合理的である。

現代のごみ処理は悪くない

ごみ処理といえば、まず「燃やす、埋める」という言葉を思い浮かべるだろう。リサイクルと比べて焼却や埋立が悪いと思う理由は、環境を汚染すること、そして非リサイクル＝資源を無駄にすること、この二つではないだろうか。

まず環境の汚染について見てみよう。過去のごみ処理はたしかに環境への影響があった。焼却施設は黒い煙を吐き出し、埋立地では生ごみが悪臭を放っていた。この状況はごみ処理に限ったものではなく、排水を未処理のまま川へ流し、空は工場の黒煙で真っ黒で、街中にごみが散乱することなどは一般的であった。特に工場については、住民の被害はあっても地域経済の発展のためには多少の影響は仕方がないと考えられていた。水俣病、四日市ぜんそくなどの公害は、こうした背景の結果であった。当時は有害物質の健康影響に対しての知識が十分でなく、汚れは薄めて流せばよいと考えられていたからである。有害化学物質の影響に関する知識が不足していたのである。農薬を無防備のまま散布して、体に浴びることも当たり前であった。有害物質の健康影響に対する認識は、序章で述べたように一九六〇〜七〇年に大きく変化した。

日本では一九六〇年代後半に水俣病、イタイイタイ病などの四大公害裁判が相次いで始まったこともあり、一九七〇年の臨時国会では公害対策関係一四法案が審議された（公害国会と呼ばれている）。水質汚濁防止法、海洋汚染防止法とともに廃棄物処理法が制定され、公害対策基本法、大気汚染防止法などの改正が行われた。法成立のもっとも重要な意味は、具体的な処理方法と目標数値の設定にある。それまでは「可能な限り低減」のような表現がなされていたのだが、これ以降、大気汚染、水質汚濁などの環境基準と、施設に対しては環境基準を守るための排出基準が定められることとなった。

その結果、ごみ処理施設に対しては、焼却施設の排ガス、埋立地の汚水などに対して、有害物質などの排出基準値が定められた。この数値の意味については第7章で詳しく述べることとして、国が定めた基準値以下であれば環境影響があるとは考えない。騒音、振動、悪臭などの基準もあり、施設の運転で超過することがあれば、施設の運転停止にもつながる。すなわち、ごみ処理施設は環境影響が生じることのないよう建設、運転されている。

ごみ処理が悪いと思われているもうひとつの理由、資源を無駄にするかどうかについて考えよう。焼却施設は、ある程度以上の規模になるとボイラーを設置し、高温排ガスの熱を蒸気として回収し、発電を行っている。施設内で一部を使用し、残りは外部に供給できるので、エネルギー回収施設とみることができる。電力を売ることで、収入も得られる。また高温の蒸気によって温水プール、温室、保養施設や地域暖房への熱供給もできる。これらをサーマルリサイクルと考えることもある。日本では生ごみを焼却するので例がないが、埋立地からメタンガスを回収して発電する施設が、世界では数多くある。大型ごみは破砕して製品を細かくし、鉄やアルミなどの金属類を回収している。すなわち、ごみ処理施設も資源を無駄にしないような工夫がされている。

リサイクルからもごみが出る

逆に、リサイクルを行うときに環境への影響や、資源の無駄はないだろうか。家庭からの資源物収集には、品目別に集める方法と、複数の種類を一緒に収集する方法がある。後者は混合収集と呼ばれ、選別施設で種類別に分けなければならず、ここで回収されないものはごみとして焼却または埋め立てされている。施設での回収率が低いと集めた資源がごみとなる割合がどんどん高くなり、資源の無駄が増えてごみ処理に近づいてしまう。

収集選別を経て得られた資源物が利用されないことは、リサイクルの定義を考えた場合、最悪の事態である。かつて、回収した古紙、ペットボトルが資源として引き取ってもらえず、焼却されていたと報道されたことがある。分別収集して資源化したが、買い手がなくて放置する、あるいはごみとして処理することは、現在でも起こっている。再びサイクルに乗せることができないと、結局はごみとして処理されることになる。余分な手間をかけるだけ、直接ごみとして処理するより、むしろ悪い。

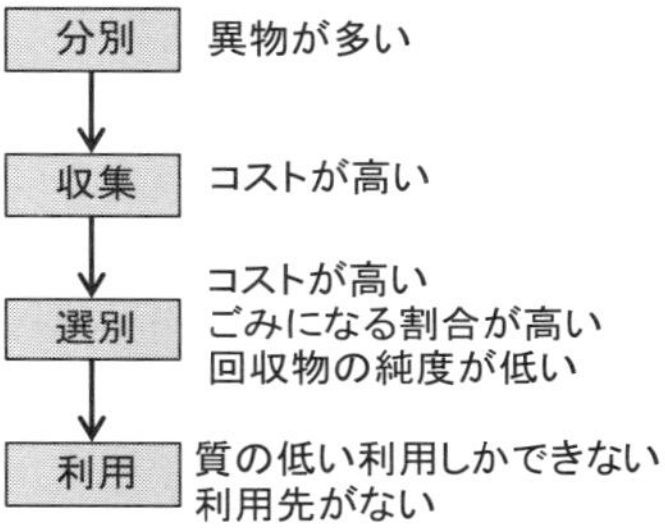

図１・２　リサイクルにおける問題の例

リサイクルの各プロセスにおいては、図１・２に示すような問題があるかもしれない。この一部でも該当する場合には、改善策を考えなければならない。すべて該当するとしたら、無駄の方が大きくなる。これらの具体的な例は、第4章で紹介しよう。

回収から利用までを考えると、天然資源から製造される製品と比べて、リサイクル製品には次のような難しさがある。発生源が分散しているため①安定した量の確保が難しく、②回収のコストがかかる。③異物混入のため資源化のコストがかかり、④純度が低いので製品の質が劣り、結果として⑤市場の競争力が低い。さらには⑥回収物の価格変動のリスクがある。古紙やリターナブルびんのリサイクルは社会システム化していたために、これらの問題が解決されていた。しかし新たなリサイクルには、先に述べたようにエネルギーやコストが余分にかかることもある。

一方、環境への影響については、リサイクル施設についても粉じん、騒音・振動、悪臭などの基準がある。十分な管理を行わなければ水質汚濁、騒音・振動、悪臭などの発生があり得ることは、言うまでもないだろう。

ごみ処理とリサイクルの境界ははっきりしない

これまで見てきたように、ごみ処理とリサイクルを完全に区別することはできない。常に両方の面をもち、どちらが主であるかによってごみ処理あるいはリサイクルと呼んでいるだけと考えた方がよい。そもそも、それらをすべて含めた全体が、廃棄物処理（waste management）である。リサイクルについてみると、対象は基本的には特定の素材や製品であるが、分別と収集の方法、資源化の設備構成によって回収率は変化する。回収率の裏返しは残渣率＝ごみとなる割合であり、特にリサイクル施設の場合には、残渣率が低いことが望ましい。またリサイクルの方法はひとつではなく、どのように利用されるのかも考えなければならない。紙類を例にとると、紙として再生するほかに、固めて燃料にする場合、粉砕してボードの原料とする場合などがある。すなわちリサイクルの幅は大変広く、よいリサイクルもあれば悪いリサイクルもあるのである。「リサイクルは環境に優しい」のではなく、「環境に優しいリサイクルの方法」を見つけることが重要である。

リサイクルとごみ処理を明確に分けられないとしたら、どのように「よさ」を判断すべきだろうか。本章の最初に書いたように、ほとんどの市民の関心は自らが分別して排出し、収集されるまでである。排出のあとに、図1・2のような問題がある場合には、そのリサイクルはよいとはいえない。これは、分別段階だけでなく、ごみや資源の最後までのプロセスを通して考える必要があるということである。ごみの発生から処分まで、資源の発生から利用までの一生であり、ライフサイクルと呼ぶ。

始めから終わりまで見ないとよいかどうかわからない

環境への影響度合いを測るには、ライフサイクル的視点をもつことが必要である。図1・3は製品のライフサイクルであり、天然資源採取から始まり、原材料製造、製品製造、使用、廃棄で終わる。私たちは製品の使用段階でよさを判断しがちだが、ライフサイクルの各段階で環境影響が発生するので、それらすべてを合計して見ようという考え方である。例えば、消費電力が大変に低い製品であっても、製品に使用されているレアメタルの採掘と抽出に膨大なエネルギーが使われ、レアメタルが回収されずに捨てられているとしたら、ライフサイクルを通しての環境影響は大きいかもしれない。ライフサイクル全体を考えるとは、そうした通常は気づかないところも評価に入れるということである。この手法をライフサイクルアセスメント（LCA）と呼び、コカ・コーラ社が使い捨てペットボトルとリターナブルびんの比較に用いたのが最初と言われている。現在では、素材、建築物、農業、交通、技術など、幅広い対象に用いられている。

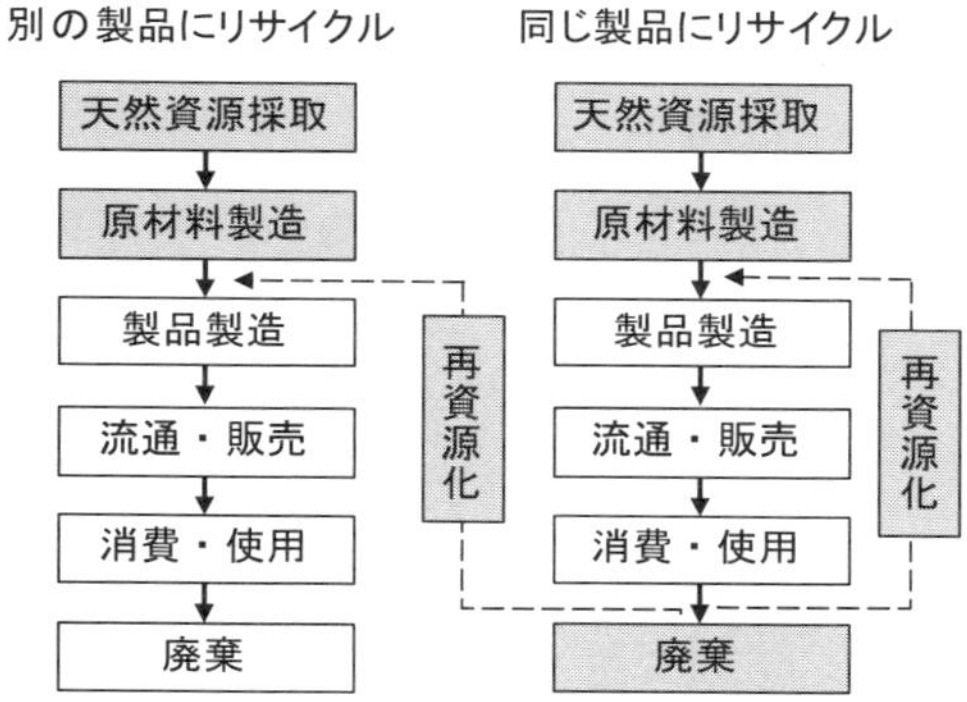

図1・3　製品のライフサイクルとリサイクルの意味

図1・3は、リサイクルの意味を説明するのに都合がよい。図の右は、使用後に再資源化して、再び同じ製品に戻す場合を示している。理想的に一〇〇％原材料を再生品で置き変えられるとすると、天然資源採取、原材料製造が不要になる。一般的にこの二つの段階はエネルギーの消費量、環境影響が大きいため、これらが削減されることになる。地球温暖化対策が最重要課題とされているため、環境への負荷としては温室効果ガスである二酸化炭素排出量がもっともよく使われている。

一方排出量だけでなく、化石燃料や金属資源は地球上の存在量が限られているため、この消費も環境への負荷と考える。化石燃料はかつて枯渇性資源と呼ばれたが、掘削技術の進歩によって逆に埋蔵量あるいは可採年数が増えているものもあるので、非再生可能資源と呼ぶほうが適切である。森林や水は再生資源だが、森林再生には時間がかかるし水も質が低下すると再生は難しくなるため、「守るべき資源」に含めて考えるべきである。

図1・3の左の図は他の製品に使用する場合だが、同様に製品製造の上流側を削減できる。この削減効果が大きい方に利用するのがよく、これが図1・2の「リサイクルの質」が高いということである。ただし、収集を含めた再資源化のプロセスでの環境影響、エネルギー消費が許容範囲でなければならないし、選別によってロス（ごみ）が多く発生するとリサイクルの効果は減少する。

図1・3のライフサイクルを通して、天然資源使用量、環境影響、そしてエネルギー消費量の削減を果たすことができるのが、健全なリサイクルといえる。

モノの流れをたどることでよさ・悪さがわかる

最初から最後まで通して考えるというライフサイクルの視点は、応用範囲が広い。ごみ処理やリサイクルも、家庭や事業所などでごみが発生したところから、分別収集、処理、資源化、処分までをライフサイクルと考えることができる。例えば図1・4はごみを可燃ごみ、不燃ごみ、大型（粗大）ごみに分別する例であり、大型ごみは埋立量を少なくするため、破砕（細かくする）したあとで可燃物と不燃物に分けられる。それぞれ、可燃ごみ、不燃ごみとともに焼却、埋め立てされ、焼却残渣

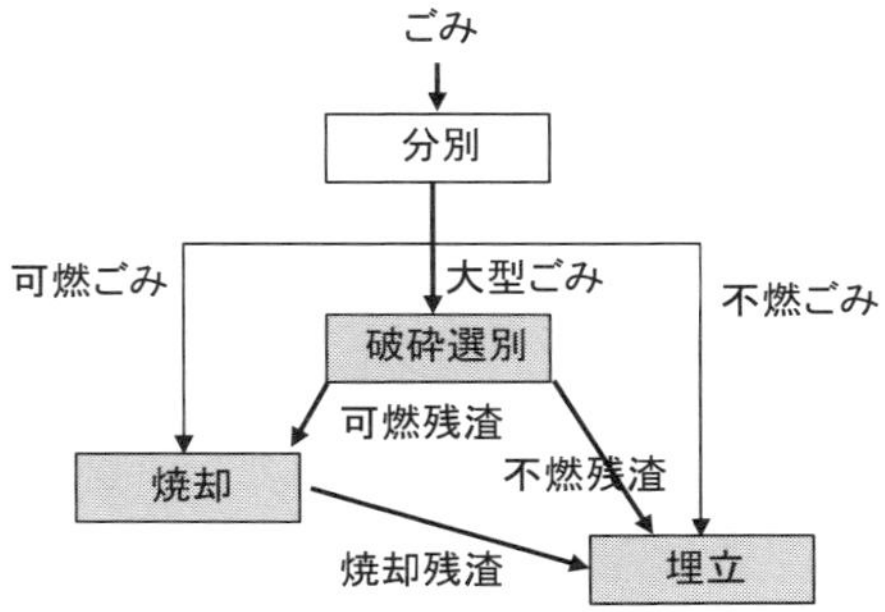

図1・4　ごみのライフサイクル

（灰）も埋め立てされる。これは排出されたごみのライフサイクルであるが、可燃ごみ、不燃ごみ、大型ごみの量はいくらなのか、破砕選別で可燃物と不燃物にどのような割合で分かれるのか、焼却すると量はどれだけ減るかという量的情報を加えると、ごみ処理の流れをよりよく理解できる。これをマテリアル（物質）フローという。

マテリアルフローの対象は、ごみ全体でも分別されたごみでも、特定製品でも、目的に応じて何であってもよい。大事なことは「量」の情報なので、資源ごみ中のペットボトルの割合、選別施設でのペットボトルの回収率、焼却処理による減量化率などの数値が得られることである。こうした量的バランスを、お金と同じように「収支」と呼び、ごみの特性、処理の効率などの指標を得ることができる。エネルギーの出入りも重要であり、このときはエネルギー収支と表現する。このように、「ライフサイクルを通じてのマテリアルフローおよびエネルギー収支」が、ごみ処理やリサイクルを見るときの「よさ」を判断する材料となる。第3章から第6章は、すべてこの考え方を基礎としてごみの分別、ごみ処理のよさ・悪さ、プラスチック問題、ごみの減量化についての説明を試みている。

第2章　ごみ処理とリサイクルのサイエンス

ごみ処理やリサイクルには、様々な技術が使われている。小学生は社会科あるいは総合的な学習の時間でごみ処理施設の見学があり、施設も積極的に見学を受け入れるが、その機会を利用する市民は限られる。例えばごみ焼却施設がどのような施設なのか、完全に燃やすためにどのような工夫をしているか、有害物質を出さないためにどんな装置をつけているか、環境への影響がないことをどうやって確認しているか。こうしたことには無関心のままで焼却施設の建設に反対されるのでは、自治体はごみ処理施設をどこにも建てられない。第7章でも述べるように、埋立地は焼却よりもさらにイメージが悪く、外から埋立地の底は見えないので、汚水が漏れているのではないかと疑念を抱かれやすい。リサイクルについても、家庭で分別・排出したものからリサイクルするものがどのような技術で回収されるのかを知っておかなければ、なぜ分別が必要かを理解できないだろう。

処理されるごみや資源物と処理技術との相性も知ってもらわなければならない。ひとつの処理技術は万能ではない。処理しやすいごみ、処理の効率を低下させるごみ、処理できないごみがある。資源物についても同様である。第3章で詳しく述べるように、家庭での分別の目的は、処理しにくいもの、邪魔なものを除いて処理効率を高めることにある。分別が悪いとそれらを除くためにいくつもの処理技術が必要となる。うまく分別がなされていれば、あとの処理は簡単、あるいは不要となる。

また、同じごみに対しても処理する方法はひとつではない。例えば生ごみの代表的な処理には、メタンガスを回収できるメタン発酵と、有機性肥料を生産できる堆肥化がある。メタン発酵は燃料ガスを生産するが、高温で加熱してガス、あるいは炭を得る技術もある。焼却の排熱を回収して発電することも、エネルギー生産のひとつの方法である。ひとつの方法にこだわるのではなく、適用可能な技術の中からもっとも適したものを選ばなければならない。ごみの種類と処理技術の適合性とともに、様々な処理技術の特性を知ることによって、ごみ処理の柔軟性が大きく高まることになる。

ごみの特性は水分・可燃分・灰分で表す

以下ではごみ処理方法を、燃やすなどの熱的処理、微生物を使う生物的処理、埋立処分、そして物理的に細かくして分ける破砕選別に大別して、それぞれの技術について、主な原理と技術の仕組み、環境対策について説明しよう。各々の技術に適したごみは異なるが、ごみのおおよその性質は水分、可燃分、灰分に分けることで表すことができる。これを「ごみの三成分」と呼ぶ。可燃分、灰分は燃えてなくなるものと残るものであり、それぞれ有機物、無機物と読み替えてかまわない。

図2・1に代表的なごみの三成分を示す。生ごみ、紙類、プラスチックは有機物であり、燃やすこ

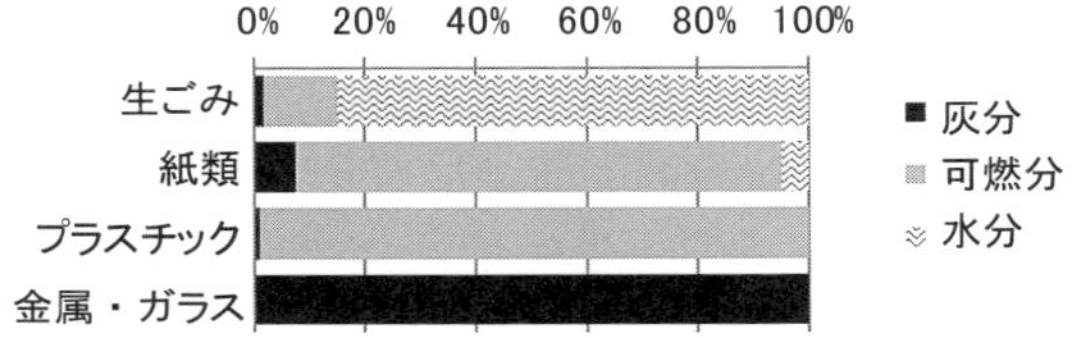

図2・1　ごみの組成の三成分（例）

とができる。生ごみ中の有機物は燃えるが、水分が多いため燃えにくい。生ごみと紙類は土の中に埋めるといつの間にかなくなるが、プラスチックは長期間土の中に残る。これは微生物によって分解されるかどうかの違いである。金属やガラスは無機物であり、燃えないし、土に埋めても分解しない。有機物のうち、動植物など生物体由来の有機物をバイオマス系有機物、人工的につくられたプラスチックを非バイオマス系有機物と呼んでいる。

燃えるのもヒトのエネルギーも有機物

有機物は$C_xH_yO_zN_w$のような化学組成で表される（C：炭素、H：水素、O：酸素、N：窒素）。もともとは生物が作り出す物質を意味したが、人間が合成したプラスチックも有機物に含められている。紙やプラスチックが燃えて熱を発生するのは、次のような酸化反応が急激に進むからである。

$C+O_2 \rightarrow CO_2$（二酸化炭素）＋発生熱

$H_2+(1/2)O_2 \rightarrow H_2O$（水蒸気）＋発生熱

このことから「有機物とは炭素を含み、燃やすと二酸化炭素と水が発生する物質である」と説明されている。炭素と水素の割合が多いほど発生熱量が大きく、同じ質量あたりで比べると水素の熱発生は炭素の四・六倍なので、水素の割合が高い有機物ほど発生熱量は大きい。

私たちは食事をとることで活動に必要なエネルギーを得る。カロリーを摂取するなどというが、こ

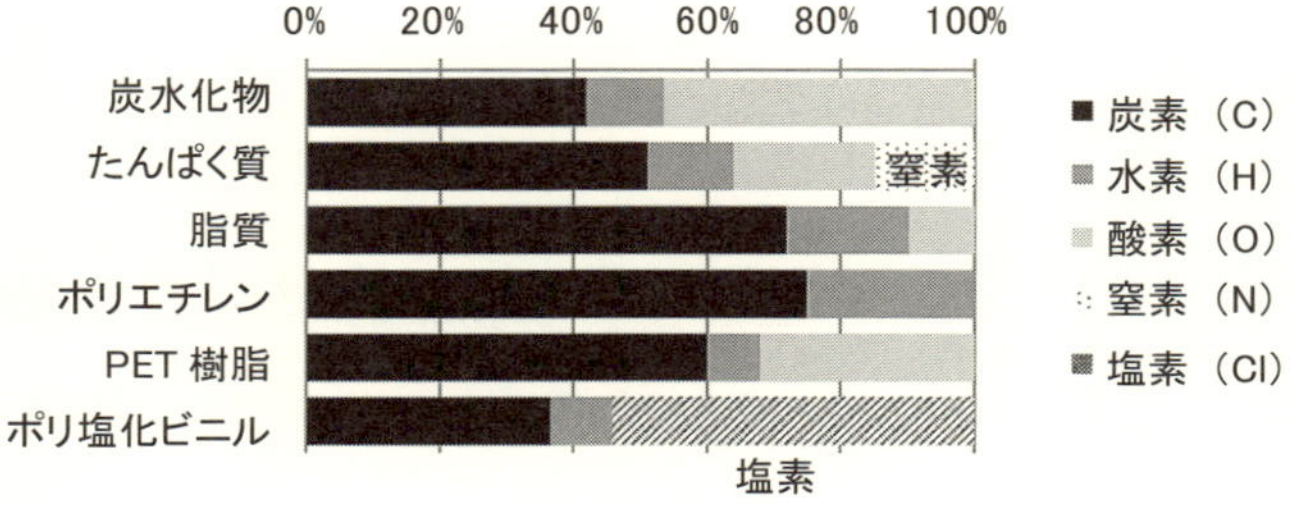

図2・2　三大栄養素とプラスチックの元素割合

のときのカロリーとは有機物を燃やすときの発熱量と考えてよい。食品の三大成分である炭水化物、たんぱく質、脂質の元素割合は図2・2のようであり、脂質は炭水化物、たんぱく質と比べて炭素、水素の割合が高いので発熱量が大きい。「一グラムあたりたんぱく質四キロカロリー、脂質九キロカロリー、炭水化物四キロカロリーのエネルギーになる」とされるのは、消化吸収割合と、たんぱく質が尿素などとして排出されることを考慮したもので、生理的熱量という。生物による酸化分解は焼却と比べて大変遅く、「ゆるやかな燃焼」と呼ばれることもある。脂肪を「有酸素運動により燃焼する」と慣用的に使っているが、これは酸素がないと燃えないからである。紙や木の主成分であるセルロースは、炭水化物の一種である。

プラスチックのうちポリエチレンは、炭素と水素のみの［$(C_2H_4)_n$］という組成であり、特に水素の割合が高いため、発熱量が高い。灯油、軽油はC_nH_{2n+2}という組成なので（炭素数は灯油が一一～一四、軽油が一五～一七）、ポリエチレンの発熱量は灯油、軽油とほぼ同じである。PET（ペット）樹脂は酸素を含み、またポリ塩化ビニルは塩素を含むため、それぞれ発熱量はポリエチレンの五〇%、四〇%程度である。したがって、ペットボトルの処理として、マテリアルリサイクルをするより燃やして熱回収する、というのはあまり効率的ではない。

ここで、もう一度図2・1を見よう。生ごみには炭水化物、たんぱく質、脂質以外に、水分と灰分がある。この水分とは穀物、魚介類、野菜などの細胞内に含まれているもので、おおよそ肉類は六〇～七〇%、魚類は六〇～八〇%、野菜は八五～九五%である。生ごみ減量化のために「水切り」が推奨されるが、減らせるのは台所で食品にかかった付着水であり、生ごみそのものは減らない。水分（付着水、細胞水によらない）、灰分の割合が多くなると、有機物の割合が小さいので発熱量は低下する。例えば生ごみ中の炭水化物のみの場合と比べて、水分・灰分の合計が九〇%であれば発熱量は一〇分の一になってしまう。水分は蒸発する際に熱（蒸発潜熱）を奪うので、発熱量はさらに小さくなる。

金属やガラスなどは、すべて灰分であり発熱量がゼロの不燃分である。水分と灰分は発熱量を低下させ、灰分は灰となって残るので、どちらも焼却にとっては邪魔者である。焼却する際にはこれらを除いた方がよい。燃えるごみと燃えないごみの分別は、焼却に適したごみを選択するとの意味がある。

焼却施設の仕組みと環境配慮の方法

日本では一九世紀末にコレラが大流行して多数の死者を出したことがきっかけで、不衛生になりやすい埋立に代わって焼却が推奨された。初期の施設はごみの投入、灰出しはすべて人力で行い、燃焼は自然通風のため、水分、不燃物の割合が高いごみを安定して燃焼させることは難しかった。煙突から排出される煙による明らかな公害も発生していた。ごみ、燃焼空気の供給を機械化し、連続運転可

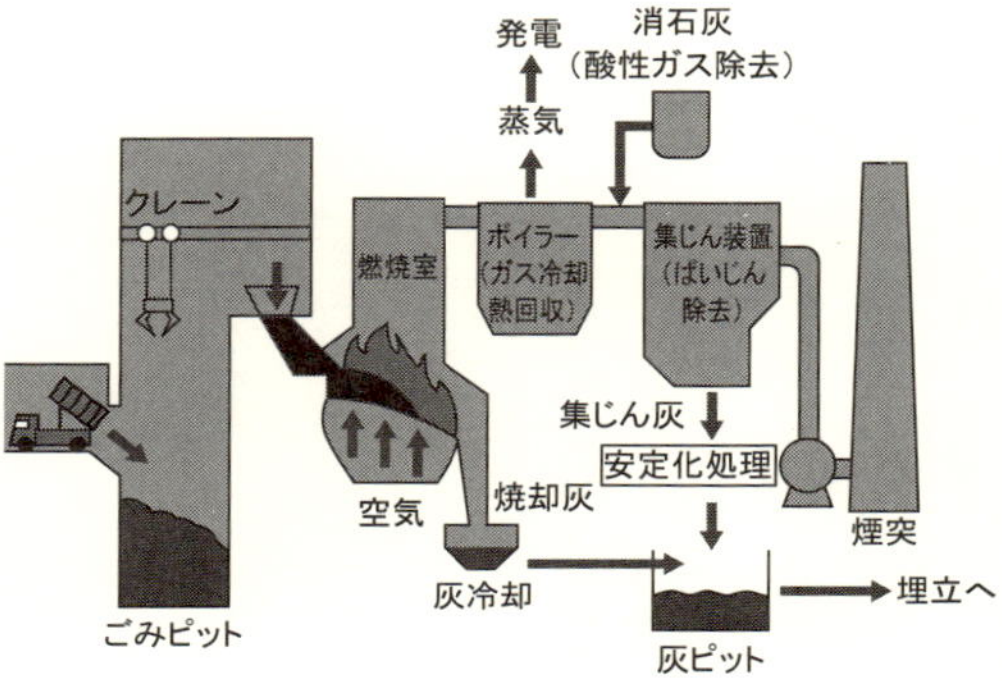

図2・3　ごみ焼却施設の主な構成

能な国内最初の施設は一九六五年のことであり、以来半世紀以上の歴史がある。

図2・3はごみ焼却施設の主な設備構成である。様々な形式があるが、図はごみを可動式の火格子で移動させるストーカ式焼却炉であり、日本ではもっとも多く用いられている。ごみ層の下から空気を送ってごみを燃やすとともに、炉の上部区間にも空気を吹き込んで、燃焼ガス中に含まれる未燃分を完全燃焼させる。ごみ質の変動に合わせてごみ送り速度を制御し、水分の乾燥、揮発分のガス燃焼、固定炭素の燃焼と続き、灰中に残る未燃分も燃やしてから灰を排出する（揮発分、固定炭素については図2・7で説明する）。排ガスは一〇〇〇℃程度となるので、大型の炉ではボイラーを設置して熱を吸収し、高温高圧蒸気を発生させ、発電している。

焼却排ガスには、塩化水素、硫黄酸化物、窒素酸化物、ばいじん、ダイオキシン類に排出基準が定められている（二〇一九年からは水銀が加えられた）。微小な粒子であるばいじんを集じん機で除去し（集じん灰、飛灰と呼ぶ）、そのほかはアルカリ剤の噴霧や触媒などを用いて除去している。煙突から排出されるガスは連続測定され、敷地内の電光掲示板で住民に公開しているところが多い。ただしダイオキシン類は、年一回以上の測定とされている。燃焼状態、ごみの搬入状態などは中央制御室のモニターに示され、温度、ガス濃度などをディスプレイに表示して運転状態を監視している。

現在の焼却施設は、中に入ってもほとんど悪臭が感じられない。これは、煙突からの排出前に誘引通風機を置き、燃焼装置から排ガス処理までの圧力がマイナスとなっているからである。ごみを保管するピットの空気も吸引されている。ごみの搬入フロアはエアカーテンなどで遮断され、臭気が外部へ漏れることがない。収集車がごみを搬入する扉、ごみピットへの投入口は自動開閉である。また見学者用の通路や会議室、施設のビデオ、パンフレットなどを備え、環境教育の場としても広く利用されている。

ごみは一日のうちで変化し、季節変化もある。焼却施設は水分が多く燃えにくい低質ごみから発熱量の高い高質ごみまでの範囲を処理できるよう設計されている。一般に低質〜高質の発熱量は二倍程度を想定し、幅広いごみ質を、しかも大量に処理できるところが焼却の強みであり、容積の減少（減容化）は埋立地の寿命を延ばすための重要な役割である。ボイラーによる熱回収は、ガス冷却が主要な目的であったので、燃焼ガス冷却設備と呼ばれていた。しかし最近では発電の効率も向上し、未利用エネルギーの熱回収技術として位置づけられている。施設は年一回、一か月程度運転を停止して定期整備、補修を行っている。

酸素を使う微生物と嫌う微生物の技術

プラスチック以外の有機物は、微生物によって分解される。酸素があるときに働くのは好気性微生物であり、有機物を二酸化炭素と水に分解してエネルギーを得て、この一部を使って新しい細胞を合成（増殖）している。

好気性微生物によって有機物を処理すると、最後に分解しにくい有機物、分解されて安定化した有機物、そして微生物の遺骸が残る。これを堆肥（コンポスト）、処理方法を堆肥化（コンポスト化）という。堆肥は窒素、リン、カリウムなどの栄養分を含むので、植物の肥料となる。また土の団粒構造をつくるので空隙を増し、通気性、水はけをよくする効果をもつ。有機物の分解には、微生物以外にもカビなどの菌類、放線菌、さらにはミミズなどが関与する。これらはどこにでもいる生物であり、自然に委ねることができることが堆肥化の強みである。有機物の分解が順調に進むと、発熱のため温度は周囲より高くなり、また温度が高いほど微生物の活性が高くなる。そのため温度は、堆肥化がうまく進行しているかどうかのよい指標となる。

一方、空気がない状態で活動する微生物による分解もある。酸素を嫌うので、嫌気性微生物という。有機物は最終的にメタンガスと二酸化炭素に分解され、同時に悪臭物質も発生する。代表的な悪臭物質は、刺激臭のあるアンモニア、腐った卵の臭いのような硫化水素やメチルメルカプタンなどで、それぞれたんぱく質に含まれる窒素、硫黄が原因である。生ごみを埋めて悪臭が発生することがあるが、これは水分が多い場合に起こる。土をかぶせても土壌粒子間の空隙を通して酸素は侵入できるが、水分が多いとその通り道がふさがれてしまう。悪臭発生は酸素が不足し、嫌気的になっている証拠である。野菜の水分は分解すると細胞から流出するので、やはり土壌の空隙をふさぐ。

嫌気的な雰囲気で有機物を処理することの学術的な呼称は、嫌気性消化である。消化とは、人間の体内における食物の消化と同じ意味である。嫌気性消化からはメタンガスが発生することから、メタン発酵と呼ばれることも多い。発酵とはしょう油、味噌、アルコールなど、人間が期待するものが得られるときに使われるが、逆に悪臭を発生するときは腐敗と表現される。これらの表現の違いは人間の価値観による区別にすぎない。有機物からメタンガスを得ることから、バイオガス化、メタンガス化、あるいはメタン化との用語も使われている。

微生物処理は有用物を生み出す

堆肥化施設の発酵槽は、図2・4のような構造になっている。分解を早めるために底部から強制的に空気を送り、定期的に攪拌を行う(切返しと呼んでいる)。生ごみは水分が多いため、おがくずや木質チップなどを加えて空気が通るすきま(空隙)をつくる。空気を送るとすぐに有機物の分解が始まり、熱が発生するので、一日程度で温度が六〇〜七〇℃まで上昇する。これはどこにでもいる微生物が活動するためで、特別な微生物を添加する必要はない。できあがった堆肥を最初に加えること(戻し堆肥)は、微生物の活性を高める効果がある。有機物の分解が進むと温度が下がってくるので、一週間ほどで取り出す。しかし分解の遅い有機物は残っており、畑に施用すると酸素の消費、メタンガス発生により植物に害を与える。そのため、さらに二〜三か月程度、ときどき切返しを行いながら熟成させることが必要である。

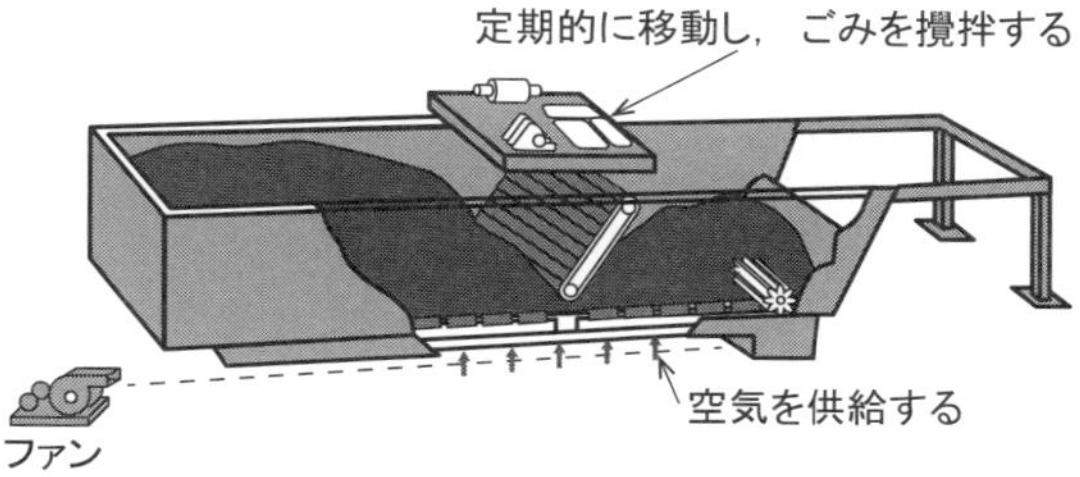

図2・4　堆肥化施設の発酵槽

堆肥化は、有機物を分解するとともに水分を除去する処理でもある。分解により発生する熱は水分の蒸発を促進し、底部から送る空気は水蒸気を外部へ運び出す役割ももっている。

堆肥化施設において講ずるべき環境対策の相手は、好気性分解で発生する悪臭成分のアンモニアである。堆肥化施設の外部に出ていかないよう、発酵槽は建屋内に置き、内部の空気を吸引し、脱臭しなければならない。酸やアルカリで洗浄する、燃焼するなどの方法があるが、五〇センチメートル程度の厚さの土壌層に通気して微生物により分解する土壌脱臭がもっとも一般的である。

一方、メタン発酵は有機物分子の低分子化（加水分解）、酢酸などの低級脂肪酸生成（酸生成）を経てメタン生成の段階があり、それぞれ異なる微生物が関与する複雑なプロセスである。もっとも増殖速度の遅いのがメタン生成菌であり、最適な生育温度域によって中温発酵（三五～四〇℃）、高温発酵（五〇～五五℃）に分類される。有機物の種類ごとに処理できる微生物が異なるので、処理対象の有機物に、少しずつゆっくりと微生物を馴らす（馴養という）必要がある。発生するガス中のメタンガス濃度は、五〇～六〇％程度であり、ガスとしてボイラー燃料とする、ガスエンジンで発電する、二酸化炭素を除去して天然ガス代わりとする、などの利用方法がある。ただし、いずれも機器を腐食させる硫黄を除くための脱硫は必要である。装置は密閉なので悪臭発生はないが、熱発生がないため発酵槽を加温する必要がある。また有機物の分解率は六〇～七〇％なので、分解後に汚水が残り（消化液という）その処理が必要となる。堆肥化のように空気を必要としないので、水分の高い有機物の処理に適している。

埋立地における様々な環境対策

都市に人口が集中すると、ごみを一か所にまとめて処理することが必要になった。もっとも簡単な方法は、空き地、くぼ地などに積んでいくことであった。現在も途上国ではこの方法が主であり、オープンダンプ（open dump）と呼ばれている。ダンプとは投げ捨てる＝投棄の意であり、工学的な手立てがとられる埋立地（landfill）とは区別しなければならない。ごみが飛散し悪臭があり、ハエや蚊、ネズミなども発生し、えさを求めて鳥や動物が集まる。雨水は汚濁物質を洗い出し、ごみに含まれる水とともに汚水が地下に浸透し、地下水を汚染する。生ごみの嫌気性分解が起こり、メタンガスや硫化水素が発生する。そのため、途上国ではオープンダンプの近代化が重要な課題とされており、同じ質量で比べるとメタンガスの温室効果は二酸化炭素の二五倍なので、温暖化対策としての意味も大きい。

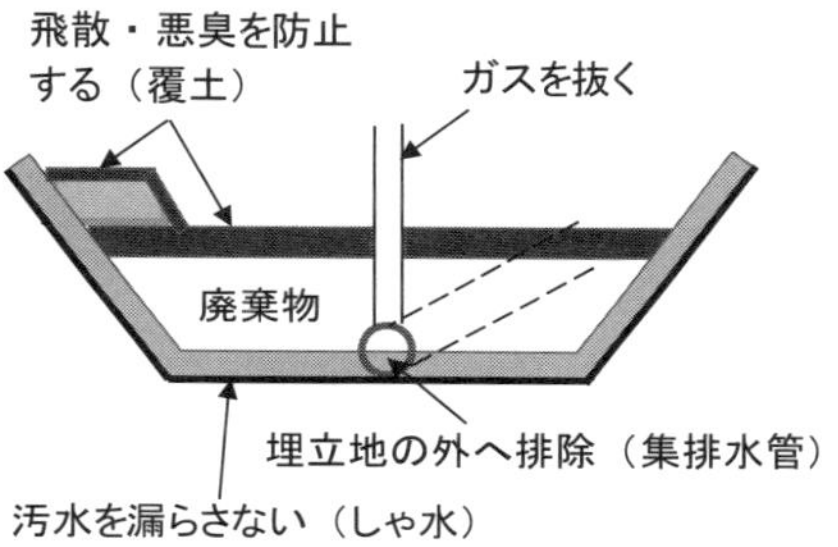

図２・５　埋立地の環境対策

オープンダンプが非衛生的であることから、工学的埋立地は衛生埋立地とも呼ばれている。その環境対策は、図２・５に示すように大きく三つの方法をとる。まず、埋立地から流出する汚水（浸出水と呼ぶ）が地下に浸透するのを防ぐため、底部にシートなどを敷く。水の流れをしゃ断することから、しゃ水設備という。また発生したメタンガスが、地中を移動し、周辺の建物にたまって爆発するような事故が起きないように、ガス抜き設備を設ける。また一日の作業後に土などをかぶせることで、ごみの飛散や悪臭を防止し、見た目も改善できる。これを覆土と呼んでいる。途上国ではこれらの前に、柵を設けて周囲と区別する、管理者を置く、持ち込まれる廃棄物を監視するなどの方法が改善の第一歩である。

埋立地の建設や埋立作業にも、数々の注意が払われている。日本では主にプラスチック製のシートをしゃ水に使っている。熱溶着などの方法でシートをつなぎ合わせる際には、必ず漏れがないことを試験で確認する。またシートは鋭利な廃棄物があると孔があくので、シートの上には砂の層を設けて廃棄物や作業用重機が直接シートに当たらないようにする。シート上にたまった浸出水は、埋立地底部に置いた集排水管で集め、敷地内の水処理施設で処理したのち、河川等へ放流している。浸出水の水処理は下水処理施設以上に高度であり、排水基準を満足していることを確認している。下水道へ放流している埋立地もある。

埋立地の上流側と下流側には観測井戸を設け、浸出水の漏れがないことを監視している。また日本は地下水位が高いため、シートの下に地下水を集めるための管を埋設しており、万が一漏出があったとしても地下水と一緒に回収される可能性が高い。また、しゃ水は一九九〇年代に不適正な処分が問題になったことから、さらに高度化された。シートを二枚重ねたり、シートの下に透水性の低い粘土層を重ね、水が下部に浸透する可能性は大変低くなった。また主に電気的な方法で、しゃ水の漏水検知も行われている。

なお、埋立地の正式名称は「最終処分場」であり、通常は処分場と呼ぶ。埋め立てすることは、埋立処分という。本書では施設を指すときに処分場との名称を使う箇所を除いて、埋立地と記載することにする。

埋立を早く終了させるための工夫

近代的な埋立地が誕生したのは一九七〇年代後半のことであり、歴史は焼却よりも浅い。米国において、化学工場の廃棄物が投棄され、数多くの健康被害を生んだラブキャナル事件をきっかけとして埋立基準ができたのは、一九七六年である。それ以前は、図2・5のような対策がなかったのである。

ごみが安定化するまでの時間の長さは当初から認識されていたが、生ごみを含めた埋立処分では数十年から一〇〇年以上もかかるとの研究も現れた。これでは埋立地の管理が長期化し、コストが増加するので、EU（欧州連合）では一九九九年の埋立指令によって、埋め立てする廃棄物中の有機物を減らすこととした。有機物を生物的処理によって安定化したのち埋め立てるほか、最近では焼却の利用も考えられている。古い埋立地に空気を強制的に送り込んで、好気性化することで安定化を早めようとの試みも始まった。好気性分解の速度が、嫌気的な分解よりはるかに速いからである。

埋立地は安定化に数十年かかり、処理の終了までの時間が長いことが、他の処理と大きく違う点である。しかしこの時間は、何をどのように埋めるかによって大きく変化する。日本では焼却をごみ処理の中心としたが、欧米の多くの国は生ごみを含めた埋立処分であった。生ごみを埋めるので内部は嫌気的となり、有機物の分解に時間がかかり、埋立地の管理が長期化・高コスト化する懸念が高まった。EUはこれを見直すことにしたのである。

一方、日本では生ごみも可燃ごみの一部として燃やし、埋め立てする有機物量を減らしていた。最近では埋立物の大部分は、無機物主体の不燃ごみと有機物を含まない焼却残渣である。また自然通気によって埋立地内に空気を入れる準好気性埋立を、標準的な構造としてきた。堆肥化のように強制的に空気を送り込む好気性埋立という方法があるが、運転エネルギーが必要となり、温度が過度に上昇すると自然発火の危険も高まる。これに対して準好気性埋立は、好気性微生物の活動による温度上昇が引き金となって、浮力によってガス抜き管からガスが流出し、内部が負圧となるため底部の集排水管を通して外気が埋立地内に吸引される（図2・6）。欧米でも公式に認められるようになった優れた工法である。焼却による有機物量の削減と埋立地の好気性化という点において、日本は幸運にも欧米に先行していた。

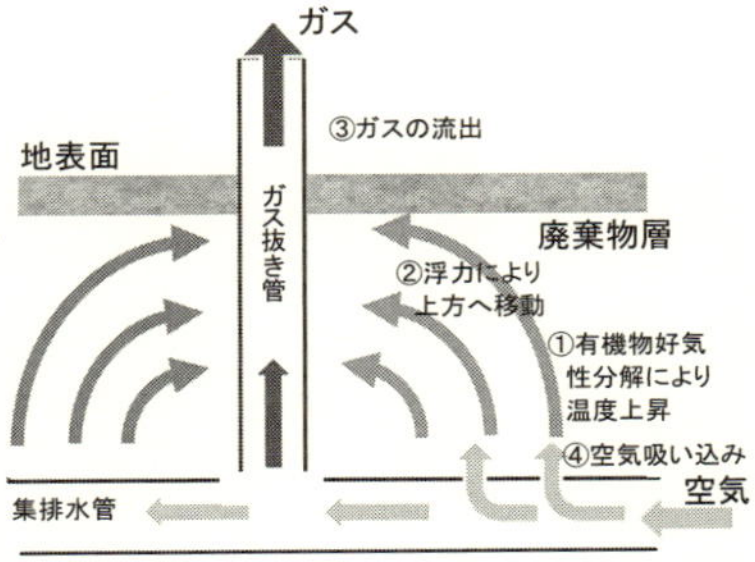

図2・6　準好気性埋立地の空気供給メカニズム

埋立地は広い面積を必要とするが、跡地を利用できることは大きな利点であり、もっと強調されてよい。何でも埋めると安定化に時間がかかり、水処理も大変になるが、逆に安定化を阻害するものを分別、あるいは前処理を施して入れないようにすれば、跡地の利用も容易になる。もちろん土地の安全性が前提となるが、跡地を有効に使えるならば、廃棄物の埋め立ては一時的利用と考えることもできるだろう。

燃やす以外の熱を使う技術

燃やす以外にも廃棄物の熱処理技術があり、そのいくつかはエネルギーを回収できる。

廃棄物焼却は空気を十分に与えて有機物を燃やすが、空気がほとんどない状態で加熱すると、可燃ガス（ガス）、油分（液体）、炭素（固体）に分かれる。これを熱分解という。どのような成分が得られやすいかは、有機物を高温でガス化する成分（揮発分）と残留する成分（固定炭素）に分けると理解しやすい。図２・７に一例を示すが、プラスチックが燃えやすいのは、揮発分が多くガス化しやすいためである。木材は固定炭素が多いので、熱分解によって炭が残る。処理の分類としては、プラスチックや紙からガスを回収するガス化、プラスチックについてはガス化したあとに蒸留温度を調整する油化、そして木材から炭をつくる炭化がある。ただし可燃ごみの炭化など、処理対象の幅は広い。プラスチックを除くバイオマスから回収したガス、油を、バイオガス、バイオオイルと呼ぶことがある。（バイオマスとは、木材、生ごみ、動物のふん尿など、化石燃料を除いた生物由来の資源のことである。）なお、これらの特性により燃焼も異なる。揮発分の多いプラスチックは燃焼が早く、炎が見えるのはガスの燃焼である。炭は固定炭素の燃焼なので、炎を出さず赤熱状態になる。

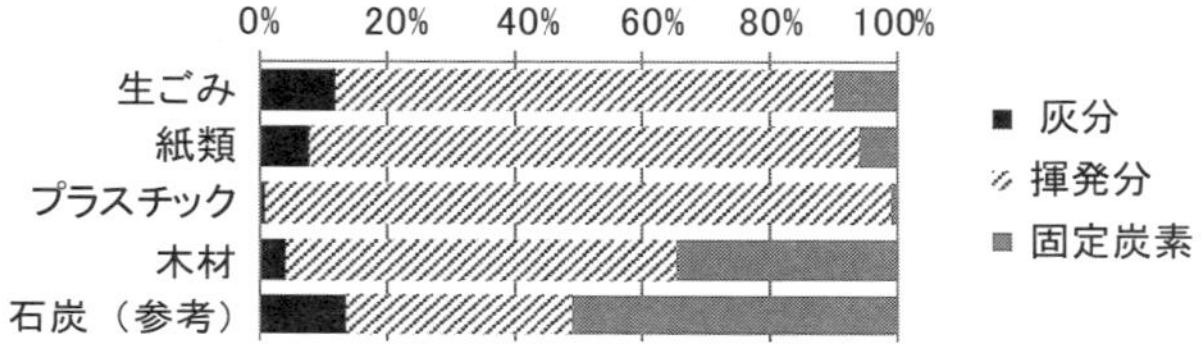

図２・７　有機物の揮発分と固定炭素の例（水分を除く）

　エネルギー回収ではないが、ごみ焼却施設からのダイオキシン発生をきっかけに二〇〇〇年前後から広まった溶融技術について触れておこう。ダイオキシンの対策として、まず排ガス中のダイオキシン濃度を下げるための燃焼設備や運転方法の改善が行われた。次にダイオキシンはばいじんに吸着されることから、焼却灰の溶融（灰溶融）が始まった。電気、燃料などを熱源として一二〇〇～一五〇〇℃で加熱する設備であり、鉄やアルミ、ケイ素などはすべて溶け、冷却するとガラス状のスラグが残る。灰溶融は焼却施設から発生した集じん灰、焼却灰を独立した設備で処理するが、これに対して溶融までを連続して行うガス化溶融施設が登場した。二〇一八年現在全国の焼却施設数は約一二〇〇であるが、このうち二〇〇以上が灰溶融施設を備えた焼却施設あるいはガス化溶融施設となっている。灰溶融、ガス化溶融については、第4章で再度触れることにする。なお、ダイオキシンは単一物質ではなく、塩素数の異なる異性体などが多数あるため、ダイオキシン類と総称で呼ぶのが正しいが、法に関係する場合を除き、本書では単にダイオキシンと書くこととする。

可燃成分を取り出し、そのまま燃料化する技術もある。これをRDF化という。ごみ（refuse）に由来（derived）する燃料（fuel）の頭文字である。もともとのRDF化の範囲は広く、不燃物を除いただけのもの、さらに粉砕したもの、ガス化や油化も含まれるが、日本ではスティック状に固める固形燃料化を指す。プラスチック、木材などを対象にした燃料化は古くから行われてきたが、可燃ごみ固形燃料化は、粉砕、不燃物の選別、乾燥、固形化の手順で行われる。最近では、紙とプラスチックからの固形燃料化をRPFと呼んでいる。

有機物を処理する様々な方法

処理方法の関係について、主な点に触れておこう。

メタン発酵は、生ごみなどの有機物からエネルギーを回収できる技術として、注目を浴びている。それでは焼却とどのような違いがあるかを比較してみよう。生ごみからメタンガスを取り出すこと

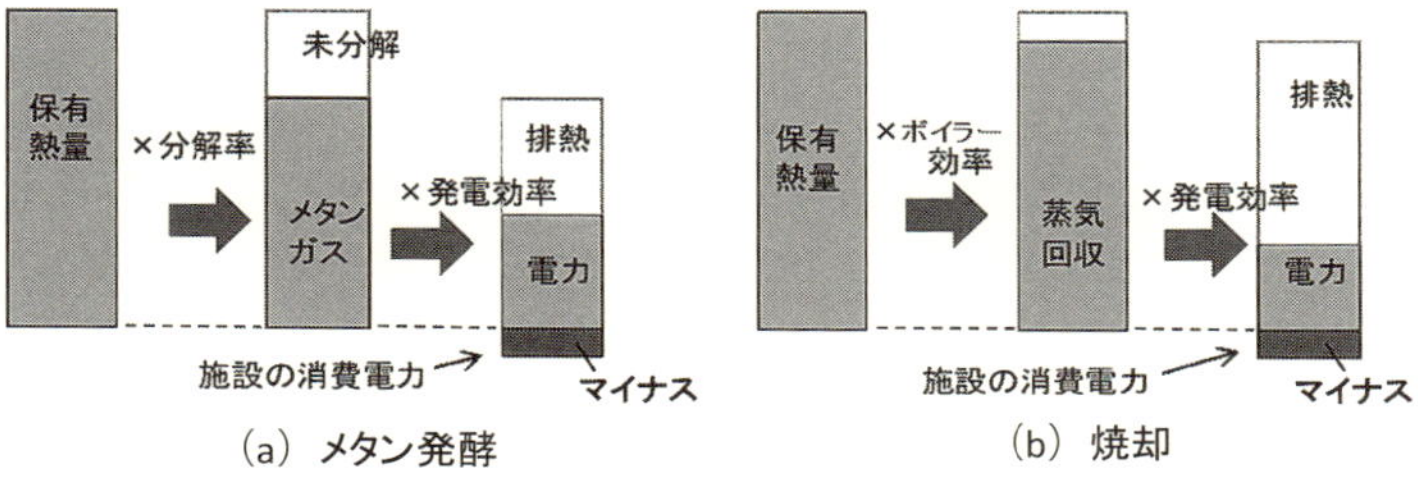

図2・8　有機物からのエネルギー回収

は、ゼロからエネルギーを生むかのように思われるかもしれない。しかしエネルギーの元は有機物であり、

焼　　却：有機物＋酸素→ガス＋灰＋熱

メタン発酵：有機物＋水→メタンガス＋二酸化炭素

という経路の違いである。どちらも発電できるが、図2・8に示すように、メタン発酵は有機物がもつエネルギーをまずメタンガスに変換し、発電する。有機物は一〇〇%分解するわけではないので、メタンガスとしての回収率は六〇〜七〇%程度だが、発電の効率は高い。一方焼却は、ほぼ一〇〇%のエネルギーが高温蒸気として回収できるが、発電の効率が低い。水分が多い生ごみだけならメタン発酵が適しているだろうが、生ごみが焼却ごみの一部にすぎないならば、焼却が有利かもしれない。どちらがよいかは、施設で使うエネルギーの大きさも考慮し、外部へどれだけのエネルギーが取り出せるかを比較しなければならないし、廃棄物の特性や施設の規模によって結果は異なる。

埋立地内の有機物は、嫌気性分解、あるいは好気性分解によって安定化する。欧米の大規模埋立地では、嫌気性分解によって発生するメタンガスを回収し、発電する施設が多くある。ガスが逃げないように埋立地表面をカバーし、ガス回収井戸を設置してガスを吸引するのである。埋立地からのメタンガス回収は自然状態で運転するのに対し、メタン発酵施設はこれを外部に取り出し、装置として運転を最適化するものである。この中間として、北米では埋立地内に水分を供給して微生物の活性を高め、メタンガス回収を促進しようとする試みがある。これをバイオリアクター（生物反応器）型埋立地と呼んでおり、従来の嫌気性埋立地をメタン発酵施設に近づけたものと言える。

なお、堆肥化の方法のひとつに、高さ一・五〜二メートル程度に積んでおくだけの野積み法がある。均質化のためにときどき切返しを行うが、内部の温度上昇によって浮力が発生し、外から空気を吸い込む。準好気性埋立の理屈（図2・6）は、これと同じである。欧米で堆肥化というときは、この野積み法を指すことが多くウィンドロー・コンポスティング（windrow composting）と呼ばれている。

細かくする破砕と分ける選別の技術

破砕と選別は、ごみ処理および資源化では必須の基本技術であり、様々なところで使われている。破砕選別というように、両者を組み合わせる場合、単独で使う場合、あるいはいくつも組み合わせる場合がある。

資源化施設では、目的とするものを取り出し、要らないものを除く必要があり、そのために様々に分けるための選別技術を使っている。例えば生物処理の前後に金属やガラスを除去し、堆肥化のあとに堆肥とプラスチックを分けるなどである。選別の主な方法を表2・1に示す。ふるいはメッシュの目の大きさよりも大きいものと小さいものを分け、振動させることで落下の確率を高くする。穴のあいた円筒をゆっくり回転させる回転ふるいもよく使われている。空気を吹き付けてプラスチックなどの軽い

表2・1　選別方法の原理と対象物

方　法	原　理	対象の例
(1)ふるい選別	大きさで分ける	土砂を落とす
(2)空気分級(風力選別)	気流で重さ別に分ける	軽いものと重いものを分ける
(3)磁力選別	磁石で引きつける	鉄を回収する
(4)渦電流選別	磁場の中で動かすと力が発生する	アルミニウムを回収する
(5)手選別	人の目と手を使う	異物の除去，目的物の回収
(6)色彩選別	色で分ける	着色ガラス，プラスチック
	X線センサー	塩化ビニルを分ける
	近赤外線センサー	プラスチックを素材別に分ける
(8)比重選別(水，液体)	比重で分ける	プラスチックの分離

ものを飛ばす方法は、単独に行われることもあれば、ふるい選別と組み合わせて使われることもある。磁石で鉄を回収することは古くから行われていたが、電磁石の性能が向上したことからアルミ選別が安価にできるようになった。手選別は、コンベアに乗って運ばれてくるごみの中から目的物を選別あるいは除去する方法で、容器の異物や汚れは人間の目による選別がもっとも確実である。

色彩選別と比重選別は、プラスチックがリサイクル対象となってから多用されるようになった。近赤外線センサーとは、ポリエチレン、ペット樹脂などの材質によって近赤外線の吸収スペクトルが異なる性質を利用するもので、プラスチックの種類（素材）を特定できる。また、水に浮くかどうかの比重選別もプラスチックの選別効率を向上させている。

破砕の主な目的は、ごみを細かくして処理しやすい大きさにする、あるいは家電製品などの複合物を細かくして素材を回収できるようにすることである。対象物の堅さ（柔らかさ）、もろさなどに応じて、表2・2に示すような方式がある。回転破砕機は、もっともよく使われ

表２・２　破砕技術の分類と対象物

方　式	メカニズム	対象物
切断式	せん断	木製家具，畳，ふとんなど
高速回転式	衝撃	金属製品，木製家具など
低速回転式	引き裂き	繊維質，プラスチックなど
圧縮型	圧縮	もろいもの。コンクリート
粉砕機	摩擦	セメント製造

ている。高速回転式はハンマーなどを一分間に五〇〇回程度回転させて製品などをこわす方法で、家電製品、木製製品など、対象範囲は広い。低速回転式はゆっくり回転するスクリューやディスクを通過させることで、対象物を引き裂く方法である。布団や畳などは高速回転式では細かくできないので、ゆっくりと力をかけて裁断する切断式を使う。圧縮型は、主にコンクリートに力をかけて細かく砕くのに用いる。粉砕機は、回転する円筒内にボールなどを入れておき、粒子を細かくしていく。このほか、資源物は袋に入れて排出されることが多いので、袋を破って除去する破袋機もある。刃の付いたドラム内を通す、回転する刃の間を通すなどの方法がある。

さらに詳しい情報

法制度、各種処理技術などの廃棄物処理全般に関する教科書として、田中信壽編著、松藤敏彦、角田芳忠、東條安匡：リサイクル・適正処分のための廃棄物工学の基礎知識、技報堂出版、二〇〇三がある。また、埋立と焼却については、松藤敏彦：ごみ問題の総合的理解のために、技報堂出版、二〇〇七の第4章、第5章において、歴史を含めて基本的内容を説明している。さらに準好気性埋立のメカニズムについては、

松藤敏彦、最終処分場を考える Ⅲ準好気性埋立地における空気流れとモニタリング方法、都市清掃、七二（三五一）、五一〇～五一七ページ、二〇一九に、現地調査の結果を含めて説明している。

第3章　ごみの分別はなぜ必要なのか

どこまで分別すればよいのか

日本人がごみの分別に熱心であることは、世界的にもよく知られている。しかし一方で、分別の品目数が多いとの驚きとともに、「どうしてここまで分別が必要なのか」との疑問も寄せられる。「リサイクルは環境に優しい」と同じように、「分別すればよい」というフレーズがその意味を理解されることなく、単なるスローガンとなることは避けなければならない。なぜ分ける必要があるのか、分別数は多いほどよいのか、どこまで正確さが求められるか。これらを理解しておくことが必要である。

集団回収のような分別もあるが、一般に分別というときは、市民が市町村の収集区分に分けることを指す。収集の際の分別なので、分別収集と呼んでいる。では、市町村の分別方法がそれぞれ異なっているのはなぜだろうか。分別に目的があるなら、同じになるべきではないだろうか。本章では分別の目的、自治体による分別の違い、分別数の多さと細かさの処理への影響について説明する。なお、分別の読みは通常「ふんべつ」であるが、ごみに関しては「ぶんべつ」と読まれる。この用語は、化学分野における混合した物質を分離する分別沈殿、分別蒸留などの操作の呼称の中にも見られ、「分ける」ことの意味で使われている。

分別によってごみ処理の効率が上がる

ごみを処理するために行う分別は、処理の効率を上げることが目的である。今日の日本では資源物の回収を目的として分別数が増えているが、以前は可燃ごみ、不燃ごみ、大型ごみ（粗大ごみ）の三つが一般的であった。これは二十世紀初めに伝染病対策として焼却をごみ処理の中心としたことにさかのぼる。埋立地に必要な広い土地の確保が難しく、ごみを燃やして灰にすることで体積を減らし、埋立地を長く使うことも焼却が推奨される理由のひとつである。このため日本は、ごみ焼却率が約八〇％の焼却大国となっている。（ただしこれは一般廃棄物の率であり、ごみの区分については第6章で説明する。）

焼却するとき、ごみの中の不燃物は燃えずにかさを増やすだけなので、最初から不燃ごみとして、可燃ごみとは別に収集した方が効率がよい。また、大型のごみはそのままでは焼却処理できないが、燃やせるものはできるだけ焼却して埋立量を減らしたい。そのため大型ごみを分別し、破砕処理を行って細かくしてから可燃物と不燃物を分けるようになった。このように焼却処理の効率を上げ、でき

表３・１　ごみ処理に悪影響を与える主なもの

処理方法	悪影響を与えるもの	発生する問題
焼却	不燃物	燃えずに残り，灰を増やす
	多量の水分	発熱量を低下させる
	水銀を含む電池，蛍光管	排ガスとして流出
収集	スプレー缶	収集車の火災が起こる
	鋭利なモノ，感染性廃棄物	作業員のけが，感染
破砕選別	スプレー缶	破砕機の爆発
埋立	有機物	汚水・悪臭の発生，安定化を遅らせる
	水銀を含む電池，蛍光管	浸出水として流出
	有害化学物質	浸出水として流出

るだけ埋立量を減らすために分別が行われた。すべてを埋め立てる欧米には、こうした分別はなく、可燃物と不燃物の分別は日本独自であった。欧米で分別というときは主として資源物の分別を指す。

有害物質を含むごみなどの分別も処理の効率の面で重要である。例えば、乾電池を有害ごみとして分別するようになったのは、一九八三年に焼却施設の排ガスとともに水銀が放出されたとの事件があったためである。のちに乾電池が原因ではないとされたが、水銀ゼロ電池の開発につながった。しかし水銀水俣条約（二〇一七年発効）により環境への排出を最小とする必要が生じたこと、および輸入電池にはいまだに水銀が含まれていることから、現在も分別の必要性が残っている。蛍光管も、水銀を含む製品として分別が必要である。スプレー缶は、爆発や火災の原因となる。破砕施設で爆発が起こると大きな被害となるし、収集車の火災も頻繁に起こっている。そのため多くの市町村で分別が行われている。注射針などの鋭利なものは収集時に清掃員のけがのもととなり、病原体などが感染する恐れもある。埋立地では有害物が埋め立てられると、有害重金属、

ＰＣＢ、有機塩素化合物などが浸出水中に漏出する可能性がある。そのため、まず有害性についての基準を定め（基準については第7章参照）、それを満足しない廃棄物は埋め立てできないようになっている。また、有機物が多いと安定化が遅くなるため、有機物量をなるべく減らすことも重要である。

処理方法別に考えられる分別の必要性の例を表３・１に示す。

分別すると資源化が簡単になる

リサイクルにあたっては、最終的に、目的とする素材別に分けられていなければならない。そのためには、発生段階で市民等が行う「分別」と、収集したあとで資源化施設等において行う「選別」の二段階の対応がある。発生段階でしっかり分別されていると、収集後の選別が簡単になり、あるいは不要となることもある。逆に最初の段階の分別が悪いと、選別が難しく高度な設備が必要となり、しかも回収物の質が悪くて利用方法が制限される恐れもある。

まず、発生段階に分別される例を見よう。古紙は新聞、雑誌、段ボールなどの種類別に分けられ、目的物に応じ配合されて利用される。したがって種類別にきちんと分けることが求められる。古紙はいったん古紙問屋に集められるが、そこでも選別が行われている。新聞の価格は雑誌より高く、一緒になっていると雑誌の区分となり価格が低くなる。

ペットボトルの回収のとき「キャップをはずす」「ラベルをはがす」必要があるのは、収集されたあとの選別の手間が変わるからである。びんや缶が混入していると、多段階の選別が必要となり、しかも回収物の品質が低下してしまう。

混合して集めると、あとで品目別に分ける手間が必要になる。ガラスびん・ペットボトル・スチール缶・アルミ缶などを一緒に集め（混合収集）、選別施設で分けると、異物の付着によって純度が低くなり、一部は回収できずにごみとなる。これに対して排出時に分別しておくと回収物の質は格段に向上し、選別するとしても簡易なもので済む。

いったん混ざってしまうと、それをあとで分けるには様々な設備や人手が必要となる。混合収集が採用される理由のひとつは住民の負担を軽くすることだが、施設側の負担は増える。資源化のための高効率選別技術は、これまでにも検討が行われてきた。一九八〇年代に先進的な資源化を目的としたスターダスト計画というのがあった。ごみを機械的に選別し、生ごみ、紙類、プラスチック類に分け、それぞれ堆肥化、パルプ化、ガス化を行おうとしたが、選別がうまくいかなかった。混合ごみを選別して、可燃物を固形燃料（ＲＤＦ）化、生ごみの堆肥化を試みた例もあるが、やはり分離がうまくいかず、堆肥には異物が、固形燃料には生ごみが混じって失敗に終わった。

モノを分けることは、あとになるほど大変であり、完全に分けることは難しい。結果的に、処理の効率を低くし、生産物の質を下げる。早い段階で分けることには、大きな意味がある。

可燃・不燃・大型の境界は市町村によりばらばら

市町村は、可燃ごみ、不燃ごみなどの分別区分やごみの出し方を図入りで説明したチラシなどを作成している。家庭に配布され、住民はそれに従ってごみを分け、指定された日に排出する。ところが、分別区分のそれぞれにどのようなものが含まれているかを細かく見ると、それぞれが独自と言ってよいほど様々である。「引っ越したら、前に住んでいた町と分別方法が違っていた」とはよく聞く話である。これは地方自治法が、ごみ処理は自治体の固有事務であると定め、また廃棄物処理法では「市町村は一般廃棄物の処理計画を定め、分別収集を行う廃棄物の種類と分別区分を定めなければならない」としていることによる。すなわち、分別区分は市町村が決めなさい、ということである。

引っ越した市民を驚かせるのは、まず大きな分類の違いである。可燃ごみ、不燃ごみ、大型ごみという従来からの三つの区分をとっても、違いがある。まず可燃ごみと不燃ごみを分けずに混合ごみとして集める市町村がある。不燃ごみと大型ごみについては、両方を合わせてどちらかの名称で呼んでいるところもある。大型ごみと不燃ごみの両方の区分がある場合も、「大型のもののみを大型ごみ」、「小型の家電製品も大型ごみ」など、市町村によって境界が異なっている。また、大型ごみと可燃ごみ、不燃ごみの区別もいくつかのケースがある。「大型ごみのうち布団、カーペットなどを可燃ごみとする」、「大型ごみを可燃性と不燃性に分けてそれぞれ可燃ごみ、不燃ごみに含める」、大型ごみの大きさを問題として「小さくすれば可燃ごみあるいは不燃ごみでよい」などである。このように分類名だけでは該当物がわからないというのが、市町村の分別の実態であり、その結果として不燃ごみ、大型ごみの量が市町村によって大きく異なることになる。

プラスチックは可燃ごみか不燃ごみか

可燃ごみと不燃ごみの区分を見てみよう。大型ごみの一部を可燃ごみあるいは不燃ごみとする例を除けば、可燃ごみと不燃ごみの内容はどの自治体でも同じだろうか。もっとも市民を混乱させるのは、プラスチックの分別である。プラスチックは、可燃ごみかそれとも不燃ごみなのか。プラスチックは燃えるから、「可燃」である。しかし有害ガス（塩化水素、のちにはダイオキシン）を発生し、燃やすと高温となり焼却炉を傷めるとの理由で「不燃ごみ」に分類する自治体も多い。汚れたものは燃えるごみ、それ以外は燃えないごみにといった中間的な分類もある。

容器包装リサイクル法の施行（一九九七年）によって、容器包装とリサイクルの対象外である製品を区別することになり、分類はさらに複雑となった。製品プラスチックは可燃ごみとされることが多いが、「ビデオやカセットテープは可燃だがおもちゃや洗面器は不燃」、「複合製品は素材割合によって可燃と不燃に分ける」などの例がある。容器包装リサイクルの実施は義務ではないので、容器包装プラスチックを分別収集していない自治体では、「軟質プラを可燃、硬質プラを不燃」、「すべて可燃」などの違いがある。「汚れた容器包装プラスチックは可燃ごみ」というように汚れも判断基準としているケースもある。

これらの分別区分が変更されることもある。東京二三区では二〇〇八年にプラスチック製容器包装の分別区分を設けた。それ以前はプラスチックを不燃ごみとしていたが、容器包装以外のプラスチック（主に製品プラスチック）、汚れのとれない容器包装を可燃ごみに変更し、プラスチックは燃やして熱を回収する（サーマルリサイクルを行う）こととした。この大幅な変更は、埋立地の残余容量が減少し、埋立量の削減が必要となったためである。プラスチックの分別区分の変更は他の自治体でも見られ、例えばビデオテープ、プラスチック製の文房具、おもちゃなどの製品プラスチックを名古屋市、札幌市は不燃ごみとしていたが、それぞれ二〇一一年、二〇〇九年から可燃ごみに変更している。

東京二三区がプラスチックを埋め立てていたのは、焼却による有害ガス発生を避けるためだが、焼却技術の向上によってその心配がなくなったというわけである。それでは、以前からプラスチックを焼却していた自治体はその影響を無視していたのだろうか。自治体によってプラスチック焼却の可否が分かれるのは、「プラスチックの分別区分には科学的な根拠がなく、自治体が主観的に決めている」ということの現れである。「分別ルール」を守ることは市民の役割と考えられているが、なぜそうしなければならないかを説明のうえ、理解してもらう必要がある。

なお「プラスチックを燃やすと有害ガスが発生するのか」については、第5章で述べよう。

可燃ごみの様々な呼び名

これまで可燃ごみ、不燃ごみとの名称を使ってきたが、市町村ではこれ以外にも様々な名前で呼んでいる。人口の多い順に六〇自治体のごみの呼称を調べると表3・2のようであった。

「可燃ごみ・燃えるごみ」という呼称は、燃えるかどうかというごみの物理的性質によるものであり、「燃やせるごみ」は、施設が処理できるかどうかという処理施設の能力・性能との関係によるものである。「燃やすごみ、焼却ごみ」は、どのような処理を行うかを表している。これらは視点の違いであり、同じモノが、例えばプラスチックは「燃える」が、有害ガス発生のため「燃やせない」。生ごみそのものは燃やしにくいので「燃えない」が、埋立地が不足している、あるいは衛生面を考えて「燃やす」。紙やプラスチックは「燃える」が、焼却施設がないので「燃やせない」。生ごみを燃やしたいが、焼却施設の能力が不足しているので「燃やせない」など、様々な事情も関係する。

表3・2　可燃ごみと不燃ごみの呼び名

区分の視点	ごみの名称	
物性	可燃ごみ，燃えるごみ	不燃ごみ，燃えないごみ
処理できるかどうか	燃やせるごみ	燃やせないごみ
処理方法	燃やすごみ，焼却ごみ	燃やさないごみ，埋めるごみ，埋立ごみ

一方、可燃ごみと不燃ごみを区別せず集める場合、以前の「混合ごみ」はほとんど使われておらず、家庭ごみ、一般ごみ、生活ごみ、普通ごみなどと呼ばれている。家庭ごみや生活ごみという呼称は、一般世帯からのごみを表すのでわかりやすいが、どちらも分別の中身はわからない。一般ごみ、普通ごみは、それに該当しないものとの対比がないと「一般、普通」の意味がとらえにくい。

以上のように、ごみの名前は中身を表すものとなっていない。先に述べたように、分別とは「ごみ処理や資源化を効率的に行うため」と考えると、どのように処理するかを表す呼称が望ましい。

ごみ処理を考えていない分別辞典

「あとで選別することは難しい」と先に述べた。それでは、収集時点の分別は、どこまで分けるべきだろうか。

市町村が作成・配布する分別区分のチラシに掲載できる例は限られるので、市民が「正しく」分別するための情報として、分別辞典を作成している自治体は多い。平均的に一〇〇〇程度の項目数があり、大変に詳細である。口紅（中身）→燃やせるごみ、ケース（金属製）→金属類、ケース（プラスチック製）→容器包装、というように分離して排出との区分もある。さて、こうした詳細な

表３・３　ごみ分別辞典の例

分別区分	品目等の例	
燃やせるごみ	糸・毛糸，消しゴム，鉛筆，ボールペンの芯，つけ毛，フィルムケース，学生証	ひな人形，かかし，掛け軸
燃やせないごみ	軽石，ビールのふた（金属），ヘアピン，イヤホン，栓ぬき	ボーリングの球，化石

辞典は、ごみ処理にどれだけ有効だろうか。以下の三つの理由のため、この質問に対する評価は否定的となる。

一つめは「量」が少なければ処理には影響しないということである。例えば、表３・３のような記載がある。消しゴムやボールペンの芯が埋め立てられたとしても、汚水を発生することにはならないし、埋立地の空間を消費するわけでもない。軽石やビールのふたが焼却されても燃えずに残るだけで、ごみの発熱量を低下させるわけではない。分別辞典の区分内容は実質的に「素材辞典」であり、処理されるごみに対してどれだけの割合を占めるのかを、まずは考える必要がある。数多くの項目の中には、かかし、化石、掛け軸といったほとんど排出されないようなものも入っていて、これも量的には無視できるものとなる。

二つめの理由は、分別辞典を利用する住民の割合、あるいは実施率である。分別辞典が処理の向上に効果があるとしても、市民の実施率が低ければ、効果が発揮できない。市町村は市民に周知する努力が必要だが、おそらく分別辞典の存在はあまり知られていない。最近は分別辞典がアプリ化される例も多いが、ダウンロード数をカウントしＰＲを強化するなどの対策がとられているだろうか。

第三の理由は、「分別は処理を効率的に行うため」との目的に戻ると、処理に悪い影響を与える「入れてはいけない」もののリストを示す方が効果的、ということである。例えば古紙回収の場合には、「混入により重大な障害を生ずる（ガラス、プラスチック、土砂など）」「少量の混入はやむを得ない（粘着テープ、ラミネート紙など）」という、二段階の禁忌品リストがある。分別辞典の製品名リストはいくらでも増えそうだが、こうした入れてはいけないものをまとめたネガティブリストは、有害物、爆発物などに限られ、わかりやすいと思われる。つまり、ごみの名称を処理方法がわかるものとし、表3・1のようなリストを添えるのがよいと考える。

分別が悪いとあとで分けるのは大変

ペットボトルを例にとり、リサイクルを行う場合に入れてはいけないものを説明しよう。市民に対する排出方法の指示として「中身を洗い、異物を入れない」ことを要請するのは一般的である。そのほかに「つぶして出す、ラベルをはがす、キャップをはずす」ことなどを要請するケースもあるが、市町村によってその内容には違いがある。「つぶして出すと、圧縮しづらくなる」とする市町村もあるが、PETボトルリサイクル推進協議会は「キャップをとり、なるべくラベルをはずし、洗ってつぶしてから出すように決められています」としている。キャップ、ラベルをとりはずすのは、ポリエチレン、ポリプロピレンなどのように材質が異なるためだが、「なるべく」と書かれているのはどういうことであろうか。

これは、「あとで選別するが、はずしていた方が処理の負担が小さくなる」という意味である。ペットボトルの資源化施設では、ペットボトルを破砕したのちに様々な選別を行う。ペット樹脂は比重が大きく、キャップとラベルはどちらもポリエチレン製で比重が小さいため、水の中で浮き沈みにより分けることができる。だが、キャップに比べてラベルは除去が難しい。風で飛ばす、揉み洗いして接着剤をはがすなど何段階もの操作が必要になる。ラベルがはがされていないペットボトルは、選別が大変であり、回収されたペット樹脂にラベルが残る可能性が高くなる。目的とする回収物の質と施設の選別能力から、異物がどれだけ許容されるのか、どこまでの分別が必要かを明確にして、住民に協力を求めなければならない。逆に、選別が容易ならば分別する必要はない。アルミ缶、スチール缶は、それぞれ磁力選別機、アルミ選別機で回収できるので、両者は一緒に排出してよい。

最後に分別辞典も含めて、分別の正確さに関する注意を述べておこう。市町村全体の分別精度は、分別の正確さと、その実施率によって決まる。例えば正確さの平均が八〇％であるとき、分別辞典によって一〇％の人が一〇〇％正確に分別すると平均は二％の向上である。もっと簡単な指示により五〇％の人が九〇％の正確さになると、平均は五％向上する。後者の方が、目標の達成は容易と思われる。

分別数の数え方は収集方法によって違う

市町村の分別数は容器包装リサイクル法の施行後に大きく増加した。二〇〇一年と二〇一五年を比べると、合併により市町村数は減少しているが、分別数が一～六、七～一二、一三以上の割合は、（二九％、四六％、二五％）から（八％、三六％、五六％）へと変化している。二〇一五年は平均一三・四分別で、一一以上が七〇％を占め、最高は三四分別の徳島県上勝町とされている。通常、可燃ごみと不燃ごみは収集日が異なり、別々の収集車で収集される。それでは多分別の市町村の収集はどのように行われているだろうか。

収集というと、市町村による定期的な収集を想像するが、以下のような方法がある。

①定期収集（集積所を共有するステーション収集、または一軒ずつまわる戸別収集）

②拠点回収（スーパーマーケットなどに置かれた回収コンテナに市民が持ち寄る）

③施設回収（区役所、地区センターなどに市民が持ち寄る）

④集団回収（自治会、学校などが回収業者に委託して収集する）

②には空きびんポストの設置、欧米で見られる路上コンテナも含まれる。

分別数の多い市町村は、一般的な定期収集以外の方法を用いている。容器包装リサイクル法施行以前の一九九三年から二三分別を始めた熊本県水俣市は、収集前日にステーションごとにコンテナを配布し、収集日に住民が資源物を種類別のコンテナに入れる方法をとっている。すなわち、ガラスびん（色別）、缶、古紙（種類別）などの資源の細かな分別作業は、家庭から持ち出したあとにステーションで行われている。燃やすごみ・生ごみ、プラ製容器包装はそれぞれ週二回、週一回の収集であるのに対し、資源物の収集は月一回である。一方、上勝町では定期的な収集は行われていない。日比ヶ谷ごみステーションと呼ばれる施設に町民が自分でごみを持ち込み、そこで三四種類以上に分別する。水俣市、上勝町ともに、コンテナ数だけの分別ができるということである。細かく分けることでその後の選別は不要になるが、両自治体の人口は約二五〇〇〇人、一五〇〇人であり、人口規模の大きな市町村での実施には場所的な制約がある。

さらに分別数の数え方には、不確実性がある。乾電池、スプレー缶を不燃ごみ収集日に別の袋で集めると分別数は二つ増え、ペットボトルのキャップを別に分けるだけでも分別数は一つ増える。市民が考えている分別数より、自治体が宣言している分別数が多くなる場合も多い。以上のように、収集方法は市町村間で異なるので、分別数の比較には注意が必要である。むしろ、回収したあとに、最終的にどのような再生品となるかを比較すべきである。

容器包装リサイクル法施行後の傾向としては、自治体が関与を高めていることがある。自治体による定期収集は、市民にとってもっともよいサービスだろうか。市民のニーズは多様で、定期収集、拠点回収、施設回収、集団回収をそれぞれ望む人がおり、品目ごとに効率的な方法がある。定期収集は確実に回収してもらえるが日にちが限られるのに対し、拠点回収はいつでも排出することができる。ペットボトルや紙パックなどは軽いので、拠点回収は苦にならない。また重量の大きい古紙は集団回収、あるいは車で運ぶ施設回収を中心とすれば、定期収集の負担が減る。このように、回収物の特性に応じて収集方法を選択し、市民のニーズの多様性を考えて複数の方法を並列して使用するのがよい収集システムであり、回収率向上、ごみ減量効果、コスト低減などを果たすことができる。

改善は悪い例を知ることから

ごみの名称、各区分への分別方法、混合か品目別かといった収集方法、分別数、さらには集団回収や拠点回収などの市町村以外の収集については、様々な組合せがある。どのような方法がよいのかを見出すことは難しいが、その判断材料となるのは「悪い例」と定量的数値である。

優れた方法に学ぶのもよいが、どのような場合に悪いかを知る方が簡単である。そして、ごみ処理については焼却による減量化率、エネルギー回収量、発電効率など、資源化については品目別の回収量、選別施設の回収率などは、よさ／悪さを判断する指標となる。「分別数が多く、分別を徹底する」ことによって選別後にごみが少なく、回収物の質が高いことを示せば、その方法がよいと言えるだろう。このための有効な手段は、第1章の最後で述べたマテリアルフロー、エネルギー収支であり、次の章では具体的な例を示す。

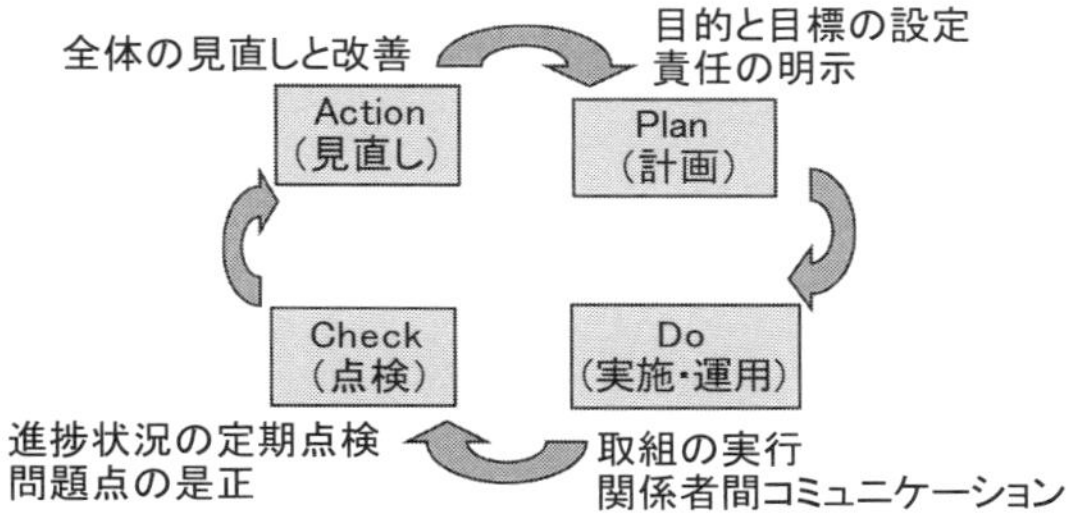

図３・１　PDCA サイクル

よりよい計画のためにはＰＤＣＡサイクルが重要

企業などが環境に配慮した業務に取り組むことを環境マネジメント（環境管理）、その仕組みを環境マネジメントシステム（EMS：Environmental Management System）という。ＥＭＳには国際規格があり、図３・１の「ＰＤＣＡサイクル」を繰り返すことで継続的な改善を図る。ごみ処理やリサイクルがよいか悪いかは、このＰＤＣＡサイクルの実施によって判断することができる。すなわち収集からそのあとの処理、リサイクルについては再生品の利用までを明らかにし、目的（Ｐ）を明確にし、実施（Ｄ）のあとに点検評価（Ｃ）を行い、見直す（Ａ）ということである。

第７章では、住民に説明し、理解してもらうためにもＰＤＣＡサイクルが重要であることを説明する。

第4章　リサイクルとごみ処理のよさ・悪さの見方

ライフサイクルを通して考えることが大切

ごみについては分別収集から埋立まで、資源物については分別から再び資源として使用するまでのライフサイクルを通してのよさについて考えてみよう。最初にリサイクル、次にごみ処理の順で、普段は見逃されがちな問題点（資源化については、図1・2の具体例）を挙げて考察する。具体的には、最初から最後までのモノの流れを追うこと、処理技術におけるエネルギーの出入り、すなわち外部からの投入量、消費量、外への取り出し量を比べることによっている。すなわち第1章の最後で紹介したマテリアルフロー分析、エネルギー収支である。現実システムとしてはコストが適正かどうかも重要である。以下では、この三つを評価軸として、リサイクルあるいはごみ処理の例を説明する。なお、温室効果ガスである二酸化炭素排出量は化石燃料由来の排出量を算定するので、エネルギー収支と強く関連する。

分別の数を増やすと収集コストは増加する

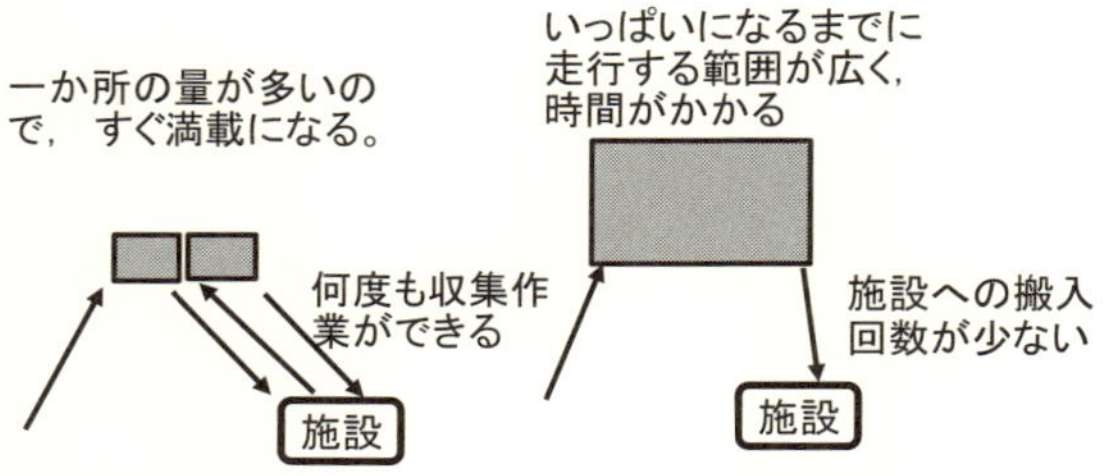
一か所の量が多いので，すぐ満載になる。
何度も収集作業ができる
施設
いっぱいになるまでに走行する範囲が広く，時間がかかる
施設への搬入回数が少ない
施設

（a） 可燃ごみ　　（b） 資源物収集

図４・１　分別数増加による収集作業効率の低下

自治体の分別数が増えると、一般的に収集コストが増加する。これは、図４・１のように説明できる。従来の可燃、不燃、大型の三分別のとき、可燃ごみの収集は週二回が一般的であった。収集車はガレージから収集現場に向かい、荷箱がいっぱいになったら処理施設に搬入し、再び収集現場に戻ることを繰り返す。一往復に要する時間は現場での収集作業時間と輸送距離から決まり、一日の作業時間内に可能な往復回数から一台が収集する地区の広さが決まる。

この三分別に加えて新たな資源分別を始めると、可燃ごみに比べて一か所（ステーション）あたりの収集量は少ない。例えば、可燃ごみから容器包装プラスチックを分別する場合を想像すればよい。燃やせるごみは一か所の排出量が多いので、数か所回るといっぱいになるが、プラスチックは広い地域を走行しなければならず、現場での時間が長いので、一日の往復回数は少なくなる。分別数が多くなるに従って一か所からの排出量は小さくなり、資源回収を目的とした分別数の増加は、収集コストを増加させている。収集の頻度を増やしても、一回の排出量が減るので、同じように収集の効率は低下する。収集だけを考えるなら、分別なしに一か所ですべて集めるのがもっとも効率がよい。

欧米で一〇～三〇立方メートルの大型車両を使って一～二名で収集するのと比べると、日本の収集はもともと効率が悪い。第一に収集車が小さいことで、平均的な収集車の容積は八立方メートルであり、首都圏では道路が狭いという理由でこの半分の車両を使っている。処理施設は都心部から離れたところに建設されるため（これは世界中、一般的な傾向）、輸送の時間もかかる。また自治体の収集車には、ドライバーと二名の作業者の組合せが普通で、人件費が高い。施設建設費を除くと、ごみ処理費の四〇％程度が収集にかかっている。

なお、この高い収集費を削減する方法としては、処理業者への委託が有効な方法とされている。しかしこれは、公務員と比べた給与差と、一日の実質作業時間の長さによることに注意が必要である。例えば、ある自治体の収集車は清掃事務所に戻って昼の休憩をとるが、処理業者の場合は近くの駐車場で休憩してすぐに作業を続けられるようにし、朝も収集開始時刻前には、すでに現場に到着し待機している。作業が大変な資源物ほど民間委託する傾向があり、複数業者間の入札となると、作業単価がさらに低下することもある。経費削減のためとしての安易な委託化は避け、作業内容に応じた価格設定を行うべきである。

混ぜて集めるとあとでロスが大きくなる

資源物を混合収集すると、その後に選別処理が必要となる。品目に応じて磁力選別、アルミ選別、比重差を利用した風力選別、手選別などを組み合わせるが、このとき収集量に対する回収量の合計、つまり選別施設における回収率はどのくらいになるだろうか。

混合収集する品目の種類・組合せ・品目数によって異なるが、ガラスびんを含む資源物の収集をパッカー車によって行うと、回収率は低下する。これは、車の中でガラスびんが割れてしまうためである。選別施設では袋を破って手で異物を除き、磁力選別で鉄をとったあと、ふるいで細かいものを除去するところが多く、ここで割れたガラスがふるいから落ちて不燃残渣となってしまう。取り除いた袋に付着して可燃残渣となることもある。ある施設では最後にガラスびんを手選別するコンベア上ではほとんどのびんが割れており、不燃残渣の九九%はガラスであった。残渣を採取して組成を調べたところ、収集したガラスびんの三〇%が埋立、一〇%が焼却されていると推定された。混合収集の場合、汚れや中身の残った容器、対象外の製品・素材なども、ロスを増加させる原因となる。

民間業者はガラスびんをなるべく割らず、かつ、他のものと混合しないように気をつけてトラックに積んで回収する。自治体がパッカー車を使う理由は、新たな車両を用意するには費用がかかるので、既存の車両の有効利用を考えてのことである。パッカー車が荷箱でごみを圧縮する力は冷蔵庫やオートバイなどの大型ごみも押しつぶして投入できるほど強力だが、それによりガラスびんが割れて回収率が低下していることが認識されていない。単に収集効率の高さだけでパッカー車が使用され、結果的に資源を捨てることになっている。

資源選別施設の目的は「資源の回収」にある。分別の徹底を図るだけでなく、選別施設での回収率を高く、あるいは残渣率を低くすることを目標にして収集方法を見直すことが必要である。

集めすぎると需要と供給のバランスがくずれる

回収業者による資源物回収には、価格が高ければ集め、安ければ回収しないという動機づけが働く。これは図４・２のような需要と供給の関係で説明される。回収業者が供給側であり、価格が高いほど集めるので右上がり、需要側は供給量が少ないときは高く買うが、多量にあると価格を下げるので右下がりとなる。このバランスによって価格が決定する。これが市場のメカニズムである。

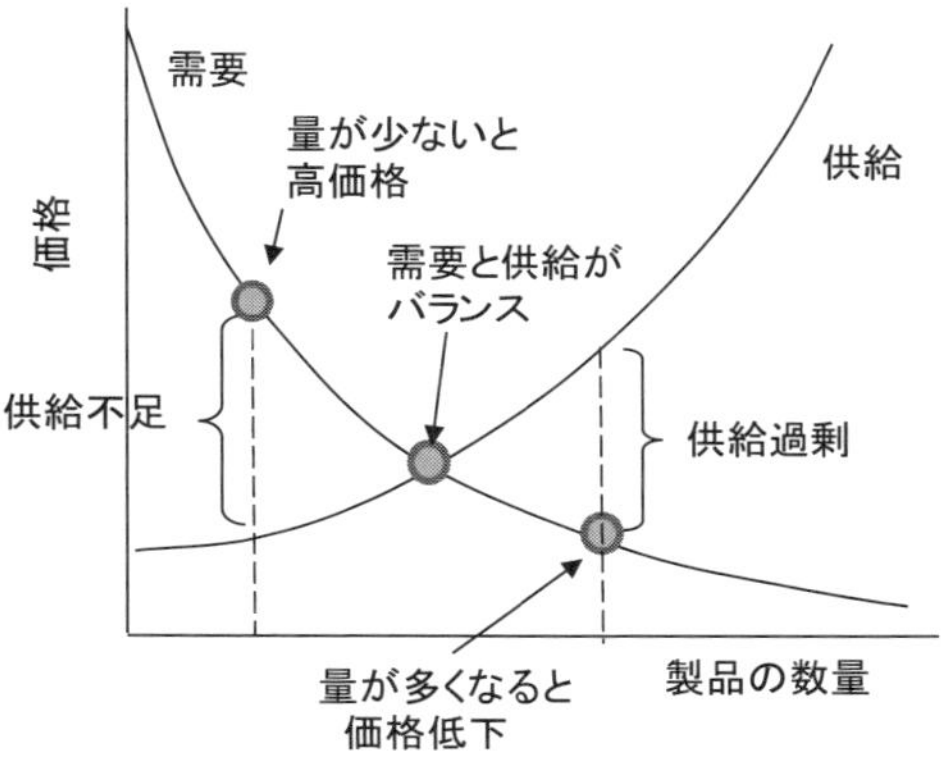

図４・２　需要と供給の関係

価格によって回収量が変動することはリサイクルとして問題であり、市町村による収集は安定しているのでリサイクルとしては都合がよいように思える。しかし供給が需要を上回って、回収したものの引取り先を見つけにくいという問題が生じることもある。

紙は、木材からつくる木材パルプと古紙からつくる古紙パルプを配合して製造する。紙の繊維は利用を繰り返すと短くなり、新たな繊維の投入を必要とするためである。紙製造時の古紙パルプの配合割合を古紙利用率（あるいは配合率）といい、段ボールは九〇％以上であり、新聞用紙は脱インキ技術の進歩、強度増加によって配合率は七〇％以上となっている。一方、もっとも生産量の多い印刷情報用紙はいまだに二〇％程度にとどまっている。[1] このように古紙の利用には技術的な制約があり、回収された紙の受け皿を急に増やすことはできない。古紙の回収率と利用率は二〇〇〇年にはそれぞれ六〇％弱で一致していた。ところが、容器包装リサイクル法の施行によって古紙の回収量も増加し、古紙の回収率は八一・五％（二〇一八年）まで上昇し、利用率の六四・三％との差は広まった。[2] これは供給過剰の状態であり、国内での需要が伸びないことから、中国を中心とする海外への輸出に踏み切られた。

海外リサイクルはグローバル化のひとつとして、利用の可能性を広げたかのように見える。しかし需要の安定性は保証されず、需給のバランスは海外の状況によって変化する。その例がペットボトルである。ペットボトルの引取り先は、再利用事業者（再資源化業者）の入札によって決まる。このときの引取り価格とはごみと同じように処理費であり、容器包装リサイクル法の枠組みによって容器包装の製造・利用事業者が負担することになっている。ところが中国が廃ペットボトルを購入するようになると、有価物として購入してもらえるようになった。ぬいぐるみの中綿などに利用する目的で、自国内で回収するよりも日本から輸入する方が安かったためである。ところが中国政府は、海外からの持ち込みによって環境を汚染しているとして、二〇一八年、プラスチック類の輸入を突然禁止した。リサイクルには、何よりも安定した需要が必要だが、海外に比重をおくとこうした不安定さが生じるリスクがある。プラスチックは家庭系と事業系の区別もあり複雑なので、第5章で改めて取り上げることにしよう。

再生されたモノの使われ方

分別収集後のロスは、選別時だけでなく利用段階にもある。プラスチック容器包装には様々な種類のプラスチックが含まれ、主に再利用されるのはポリエチレン、ポリプロピレンである。施設としての回収率は五〇％程度にとどまり、残り半分は廃棄物として焼却処理されている。回収率を上げると純度が低下するという関係があり、一定の純度を保つためには回収率を犠牲にしなければならないからである。

容器包装プラスチックのマテリアルリサイクルは、最終的に輸送用のパレット、建材等のプラスチック板などに使われている。これは容器包装プラスチックの質が低いためで、工業プロセスから排出された汚れのないプラスチックと混ぜて使用されている。元に戻すのが望ましいが、容器包装より製品の質が低いのでダウングレードリサイクルという。

ペットボトルの再生利用方法として、従来はシートと繊維が主であったが、最近では再びペットボトルに戻すPET to PETが進んでいる。施設では近赤外線センサーを用いた素材の判別のほか、重大な異物であるガラスや金属の除去に注意を払い、選別の難しいラベルはがしを徹底している自治体から高い価格で購入することで質の高い樹脂を回収し、ボトルメーカーの協力も得て実現しているのである。容器包装プラスチックについても、ポリエチレンとポリプロピレンを高純度で回収して、それらを一〇〇％使った輸送用パレットを製造している例がある。再生ペットボトルのパレットも、リ

[1] 矢野経済研究所、古紙利用率向上の可能性に関する調査（経済産業省委託調査）、平成二八年三月、五ページ

[2] 古紙再生促進センター、紙のリサイクル、数字で見るリサイクル　http://www.prpc.or.jp/recycle/number/

サイクル可能である。

以上のことは、収集方法（主に品目別かどうか）と分別のよさ、そして選別技術の組合せによって、選別における回収率と回収物の質が変わることを示している。利用方法としては同じ製品に戻すべきで、ダウングレードリサイクルは劣るのか、熱回収の選択はないか、などの視点については第5章で考えることにする。

ガラスびんの例も挙げておこう。選別施設で生き残ったガラスびんは、すべてガラスびんとして生まれ変わるわけではない。ガラスびんの原料として使用されるのは三分の二であり、残りは道路路盤材、グラスウールなどに使用されている[3]。路盤材利用とは要するに砂利や砕石の代わりであり、収集と選別のコストをかけての利用方法としては、質が低い。透明、茶色のガラスびんはびん原料となる割合が高いが、その他のガラスびんの大部分がびん以外の利用である。ならば収集も透明、茶色と、他の色のびんは区別した方がよいだろう。

発電量より正味の電力回収量が大事

次にごみ処理の話に移ろう。日本は焼却をごみ処理の中心としてきたが、低炭素社会に向かうために、廃棄物処理においてもエネルギー回収が求められるようになった。焼却施設は、排ガスからの熱を回収して高温蒸気をつくり、それを利用して発電を行うため、エネルギー回収施設としての役割も果たしている。国は、二〇一四年に『エネルギー回収型廃棄物処理施設整備マニュアル』を作成した。

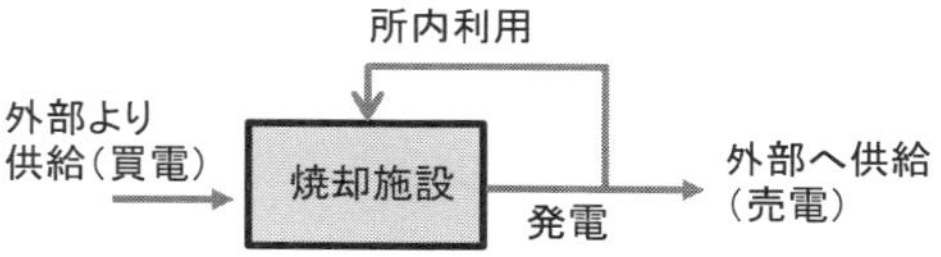

図４・３　焼却施設の電力収支

焼却施設のエネルギー回収効率は、長らく発電効率の大小で評価されてきた。発電効率とは、ごみと外部燃料を合わせた投入エネルギーに対する、発電出力の大きさをいう。石炭を原料とする火力発電の場合の発電効率は四五％程度であるのに対し、ごみ焼却施設の平均は一三％程度にすぎず[4]、そのインセンティブを与えるために効率の高い施設の補助金交付率を引き上げた。それでは発電効率の高い施設＝エネルギー回収率の高い施設といえるだろうか。

図４・３に示すように、焼却施設の運転には電気が必要であり、発電した電気の一部が使用される（所内利用）。また焼却運転を停止することがあるため、外部から電力を買う（買電）。これらを差し引きすると

外部へ取り出せる電力＝発電量＋買電量－所内消費量

となる。発電効率が大きい施設であっても、所内消費量が大きく外部へ取り出せるエネルギーが小さいかもしれない。これらを区別して、上記の発電効率を発電端効率、発電出力を外部への出力に置き換えたものを送電端効率という。エネルギーを真に回収できる施設かどうかは、送電端効率で判断するのが妥当である。

［3］　日本容器包装リサイクル協会、リサイクルのゆくえ（ガラスびん）、再商品化製品利用製品 https://www.jcpra.or.jp/recycle/recycling/tabid/422/index.php

［4］　環境省、日本の廃棄物処理（平成二九年度版）、平成三一年三月、二〇ページ

メタン発酵のよさはライフサイクルで見る

同様のことは、メタン発酵施設についても言える。燃えにくい生ごみなどの有機物からメタンガスを取り出し、燃料としても、またガスエンジンを使って発電もできるのだから、低炭素化には大変に魅力的な技術に見える。しかし「タンクに生ごみを入れると、ガスが回収できる」といった簡単なものでは、決してない。収集したごみを貯留するごみピット、混合装置、メタン発酵槽、ガスタンクなどの様々な設備が必要で、それを運転しなければならない。おおまかなフローを図4・4に示す。

メタン発酵は三五~四〇℃あるいは五〇~五五℃に保持される。堆肥化のように熱発生がないので、反応槽の加温が必要で、回収したガスの一部を使うかもしれない。また破砕機などの機器運転のために、発電した電力の一部を使うかもしれない。また生ごみはすべて分解しない。発酵後の残渣は消化液と呼ばれ、脱水して排水と固形残渣に分ける。排水には有機分とともに栄養分が含まれるので液肥として使うのが理想だが、日本では利用が難しく、水処理が必要になる。これは下水処理施設をもつようなもので、炭素がガス化して窒素が多く残るため、窒素を除くために微生物のエネルギー源としてエタノールを購入して加えなければならない。

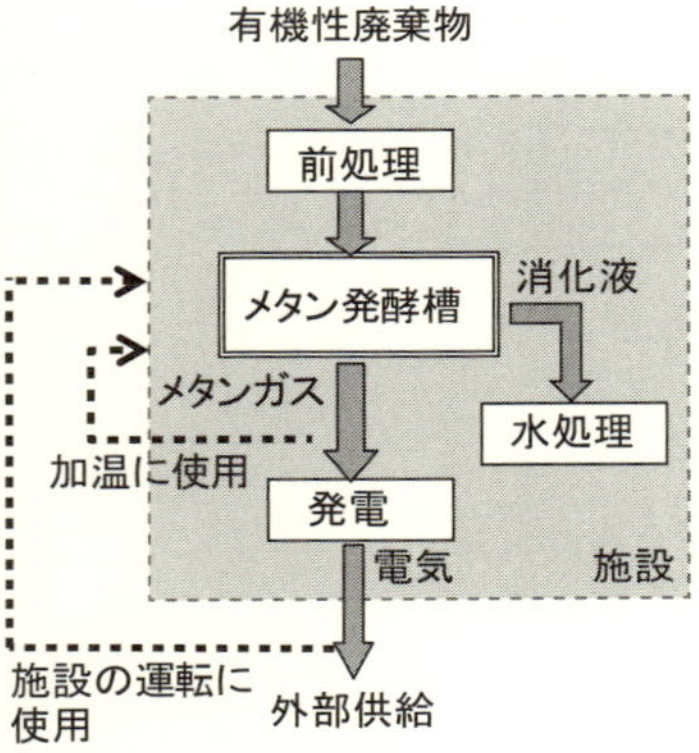

図４・４　メタン発酵施設のフロー

エネルギー回収施設としての補助金は、投入ごみ量一トンあたりのバイオガス熱利用率が三五〇キロワット時以上を条件としている。これは焼却でいうと発電端であり、外部へ取り出せるかどうかの視点はない。最悪の場合は、電気を買って運転し、外部へ取り出せるエネルギーはない、ということもあり得る。

リサイクルされた量の様々な見方

「リサイクル率」はわかりやすい指標のように思える。しかし「リサイクルした量」の見方は、実はいろいろあり、考えられるパターンを図４・５に示す。古紙はほぼ一〇〇％再利用されるので、リサイクル率の算出には問題ない。混合収集の場合は、割れたガラスのようにロスとなってごみとして処理されることもある。このときは、リサイクル量は、収集した量ではなく、選別後の回収量を用いるのがよいだろう。しかし堆肥化は有機物の分解と水分蒸発のため、回収される堆肥量は集めたごみよりもずっと小さくなる。メタン発酵は、得られるのがガスあるいは電気なので、どのようにリサイクル率を定義するかに課題がある。

一般的には、リサイクル目的で分別されたら、リサイクルとみなす。例えば家庭で資源として分別したものが選別施設で半分しか回収されないとしても、すべて「リサイクル」にカウントする。これをリサイクルへの「仕向け量」という。製造工場で分別を徹底してすべてリサイクルし、ごみをゼロにするというゼロエミッションも同じである。実際には資源化にまわしても、そのプロセスで一〇〇％有効に利用されるとは限らない（ごみはゼロではない）が、仕向け量としてリサイクルされると想定している。これに関連して、「リサイクル施設」かどうかを判断する基準がある。容器包装プラスチックのマテリアルリサイクル施設では選別が行われ、最終的な回収量は小さくなる。そこで、一定

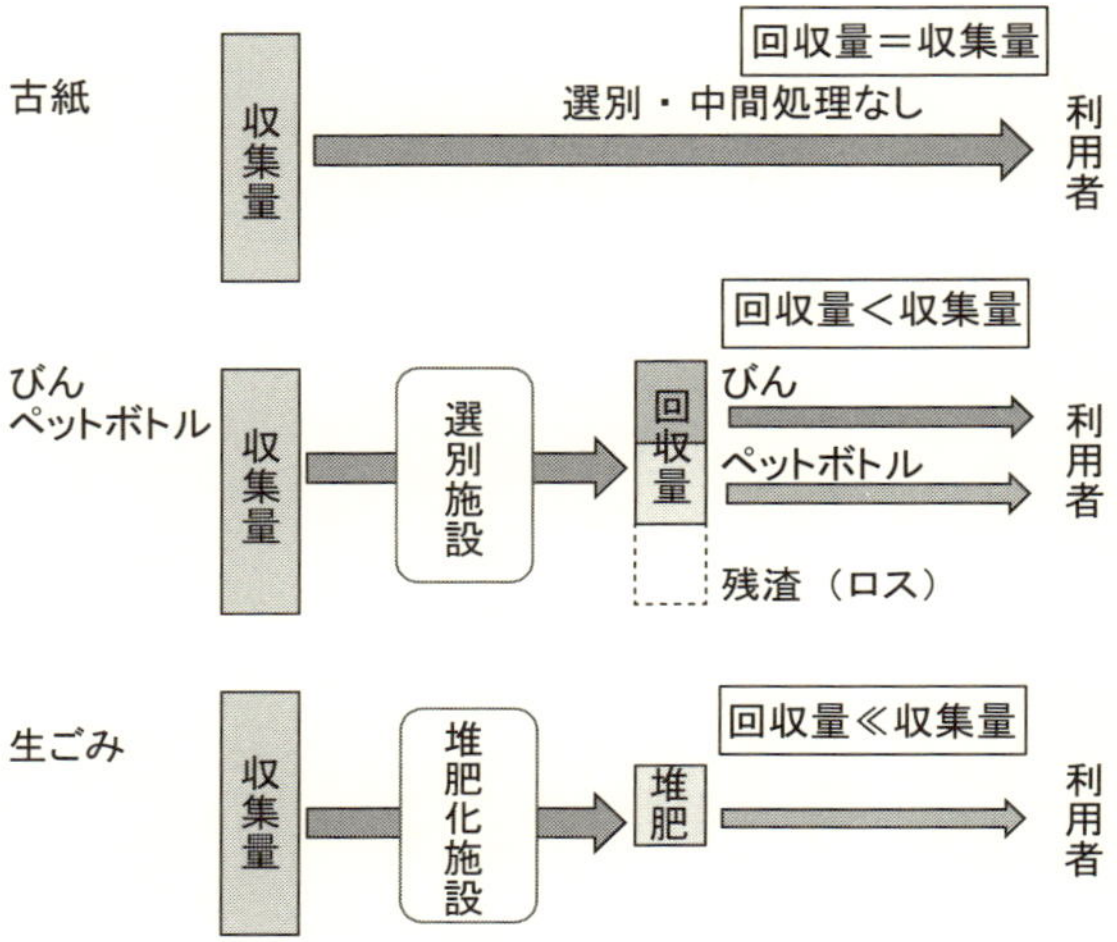

図４・５　リサイクルにおける収集量と回収量

の回収率以上の場合に「リサイクルされた」と認定し、搬入された量＝リサイクル量と算定している。自動車リサイクルも、仕向け量によってシュレッダーダストのリサイクル施設が認定されている。マテリアルリサイクルとエネルギー回収の両方を合計したシュレッダーダスト投入施設活用率が〇・四以上の施設を認定し、そこへ搬入されたら一〇〇％リサイクルとしている。

ただし自動車のリサイクル率には、見逃せない問題がある。まず物質量とエネルギーは単位が異なるので、エネルギーを物質量に換算して無理に足し合わせている。次に、リサイクル施設としては溶融が多く、スラグの生産率が高いために容易に〇・四を超え、リサイクルと認定される（スラグがきちんと使えるかは不問としている）。その結果、シュレッダーダストのリサイクル率は九九％を超えているが、これは自動車全体のリサイクル率と誤解されやすい。家電リサイクルの場合は、回収した金属などの合計量を再商品化率としており、これが本来のリサイクル率である。

消費（販売）、製造、再生の各段階の組合せによって、様々なリサイクル率があることも触れておこう。以下のようなものがある。①製造原料中の回収資源利用量として、古紙利用率＝古紙投入量／

原料投入量、ガラスびんのカレット利用率＝カレット使用量／総溶解量（カレットとは、ガラスびんを細かく砕いたもの）、②回収製品からの素材等の回収量として、容器包装の再商品化率＝再商品化量／市町村の分別収集量、家電製品の再商品化率＝再商品化重量／処理重量、③販売量に対する資源化量として、ペットボトル、スチール缶、アルミ缶のリサイクル率、がある。①は利用率、②は資源化プロセスの収率、③は販売量に対する資源再生率であり、それぞれ定義が異なっていることに注意すべきである。②の再商品化とは、「製品の原材料として利用者に渡せる状態にすること」を指している。

リサイクルもエネルギー節約の効果がある

金属、古紙、ガラスなどのリサイクルが、エネルギー消費量の削減に貢献することを述べておこう。有機性廃棄物の代表的な資源化技術は、堆肥化である。堆肥は土壌改良材や肥料として用いられ、エネルギーとは無関係に思える。しかし堆肥には窒素、リン、カリウムが含まれているので、合成肥料の使用量を減らすことができる。（ただし堆肥は遅効性なので即効性の合成肥料と併せて使用しなければならない。）合成肥料の製造にはエネルギーが必要なので、そのエネルギーの節約になる。図1・3のような製品のライフサイクルを考えると、一般に資源の採取、素材の製造におけるエネルギー消費がもっとも大きい。その代表はアルミ缶であり、ボーキサイトからの製造と比べて、回収缶からアルミを取り出すには三％のエネルギー消費で済むとされる。したがって社会全体を考えると、リサイクルによる素材回収はエネルギー節約に大きく貢献している。

利用されないとリサイクルにならない

資源化を目的としてせっかく回収したのに、利用先がないことは最悪の状況である。例えば堆肥化は、ごみからつくった堆肥への嫌悪感や不信感のために利用先が見つからないことが多かった。

ダイオキシン問題をきっかけとして灰溶融とともに広まったガス化溶融は、一二〇〇～一五〇〇℃以上で溶融するのでダイオキシンが分解できる、空気量が少なくて済むので排ガス量が少ないなどの利点と併せて、ごみをスラグ化してリサイクルできるので埋立量が削減できるなどをうたい文句としていた。このうちスラグのリサイクルは魅力的で、埋立地が不要となる可能性も示唆された。しかし現実には、安定的な利用先の確保が難しく、利用が進まなかった。これはスラグの重金属等の溶出基準（第7章）は満足しても、含有量の基準を満たせないためである。海面埋立地の残存年数の減少を危機的問題として抱える東京都は、九〇年代後半に全量溶融を計画し、七施設を整備した。ところが埋立地の地盤改良への使用量が大幅に減少する見込みとなり、その他の土木資材利用が困難なため、五施設の運転停止を決定した[5]。環境省も二〇〇三年には、焼却施設建設の補助金条件としていた溶融施設設置の義務化を解除し、二〇一〇年には溶融施設を廃止しても補助金を返還しなくてよいとした。

リサイクルは、他の競合品と同等程度の品質がなければ利用は進まない。品質基準が厳しすぎたこともあるが、スラグには鉄鋼スラグ（製鋼スラグ、高炉スラグ）というライバルがある。ごみ溶融スラグの生産量七七万トン[6]は、鉄鋼スラグ三七五一万トン[7]の五〇分の一にすぎず、従来から自治体内部での自己利用にとどまっていた。従来のスラグより市場的に不利であることは十分に予想されたはずなので、初めから「利用」が軽視されていたと言える。

廃棄物処理の優先順位はいつも正しいとは言えない

3Rとは、ごみの発生を減らすリデュース（Reduce）、繰り返して使うリユース（Reuse）、資源として再び使うリサイクル（Recycle）の三つを指す。この言葉は、大量生産・大量消費・大量廃棄の社会を見直して、循環型社会をつくろうとの考えとともに生まれた。従来のように発生したごみを処理するのは、言わば川下側での対応であるが、これでは遅すぎる、もっと川上側から対応をしよう、という考えである。循環型社会の目的は「天然資源の消費を抑制し、環境への負荷をできる限り減らす社会」であり、その手段として3Rの推進が有効とされた。

この3Rに始まる優先順位は、廃棄物処理の「階層構造（ヒエラルキー）」とも呼ばれる（図4・6）。3Rの中では、リデュースが資源の消費をもとから減らすとしてもっとも優先度が高いとされる。3Rに続くのは熱回収であり、それでも利用できない場合には適正処理することとした。ごみの処理方法としては焼却、最後が埋立となる。容器包装プラスチックのリサイクル方法としては、マテ

[5] 東京二十三区都市清掃一部事務組合、今後の灰溶融処理の休止について（平成二五年度第一回区民との意見交換会）、平成二十五年七月

[6] 日本産業機械工業会エコスラグ利用普及委員会、エコスラグ有効利用の現状とデータ集（二〇一五年度版）、二〇一五年五月

[7] 鉄鋼スラグ協会、鉄鋼スラグ統計、http://www.slg.jp/statistics/index.htm

リアルリサイクルがサーマルリサイクルに優先することになる。再資源化には、堆肥化などの生物的資源化も含まれている。なおリデュースは、海外ではAvoidance（発生の回避）、Prevention（発生防止）、Source reduction（発生源での減量化）と表現されることが多い。

常に3Rが優先されるべきであるとの考え方、あるいは階層構造の下位にあたる処理は避けるべきとの考えには、注意が必要である。第一に優位性は条件によって変化する。例えば、マテリアルリサイクルにおける選別時のロスは、その処理の手間、あるいは回収物の品質の低さによっては、燃やしてエネルギーを回収した方がよいかもしれない。第二に、階層構造はコストを考慮していない。階層構造に従うと、大変高価なシステムとなる可能性もある。第三に、地域特性の違いに対応できない。人口の少ない地域、季節的に人口が増加する観光地、あるいは製造業・農業などから発生する廃棄物がある場合、処理施設をすでに保有しているかどうかなどがこれにあたる。

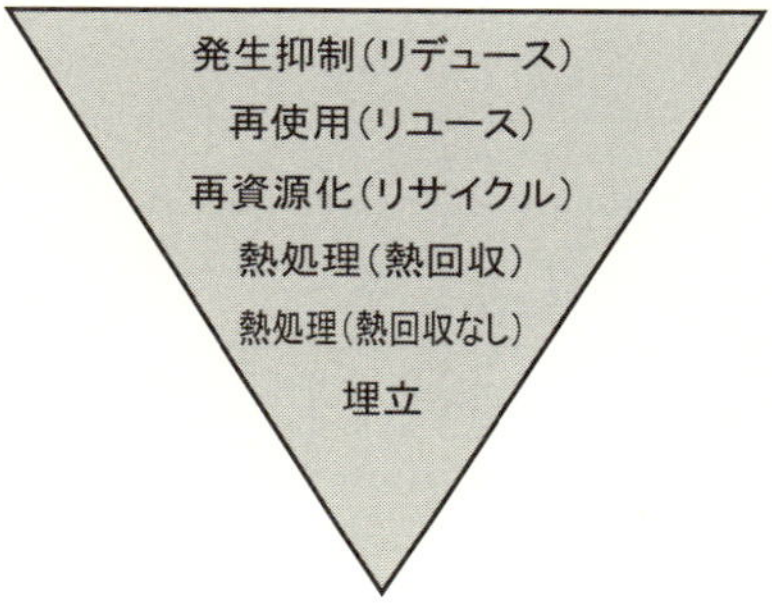

図4・6　廃棄物処理の階層構造

EUにおけるリサイクルの考え方

リサイクルについて、EU（欧州連合）の考え方を紹介しておこう。

廃棄物処理に関する基本的事項は、「廃棄物枠組み指令（Waste Framework Directive, WFD）」としてまとめられている。制定は一九七五年であり、二〇〇六年に成文化され、二〇〇八年改正[8]に基本的体系が示されている。発生源別に番号づけられた詳細な廃棄物リストや廃棄物でなくなる状態の定義（End-of-waste）など、日本も参考にすべき内容が多い。図4・6の「階層構造」は第4条であるが、再使用はpreparing for re-useとされており、使用できるようにするための検査、洗浄、修理などを指している。分別されたものがすべて再使用としていない点は、重要である。リサイクル率は、再使用およびリサイクルのために分別収集された量で定義されていた。

枠組み指令は、次章で紹介する循環経済パッケージに則したものとするため、二〇一八年に改正された[9]。リサイクル率の算出方法は厳しくなり、リサイクルに関しては「再資源化処理に投入された量」とし、その前の選別処理などで発生する物質ロス（残渣）は除くとされた。個々の選別施設に対しては、処理対象物、収集方法、選別装置などとともにロス率の報告も求めている。一方、堆肥化などの生物処理は有用な回収物を得られるならば、投入量がリサイクルされたとし、エネルギー回収はリサイクルには含めない。リサイクルとは、あくまでも物質回収である。つまり図4・5の三つの例は、以前はすべて収集量をリサイクルと考えたが（仕向け量である）、中段の選別施設を経由するときは回収量を用いるとしたのである。リサイクルによる再生品の市場や利用については、後述の循環経済パッケージにおける重要な柱である。

[8] Directive 2008/98/EC of the European Parliament and of the Council of 19 November 2008
[9] Directive (EU) 2018/851 of the European Parliament and of the Council of 30 May 2018

すべての処理やリサイクルは埋立のため

ごみ処理施設の中でもっとも嫌われがちな埋立地について述べておこう。階層構造の中で、埋立は一番低い位置に置かれている。そのため「埋立してはいけない」「埋立は避けるべき処理である」と思われているのではないだろうか。これはむしろ逆であって、埋立地を頂点とした逆ピラミッドと見るのが正しい。環境省のパンフレット[10]に記載されている「3Rとはごみを限りなく減らして、それによって焼却や埋め立てによる環境への負担をできるだけ少なくし（略）」が、その意味を示している。第6章で述べるように、2R（リデュースとリユース）はごみ減量化に対する即効性は低く、リサイクルを行っても処理すべき残渣が残る。焼却すれば残渣が残り、溶融しても溶融飛灰が残る。発生したごみを文字どおりゼロにすることは不可能であり、必ず最終的に埋立が必要となるからである。

埋立は、廃棄物処理の中で最大の環境影響を生じさせる可能性がある。もし埋立地がすべてのものを飲み込んで、しかも周りに影響を残さないならば、何もかも埋め立ててしまえばよい。しかし熱処理や生物処理が数時間から数か月で終了するのと比べ、埋立地は内部の安定化に数十年あるいは一〇〇年単位の時間がかかる。途中で構造や運転にトラブルがあれば、長期にわたる環境影響、大きな環境リスクの原因となり得るからである。しばしばごみ処理方法として、焼却か埋立かの選択があるように言われる。しかし一九九〇年代後半から欧州では、焼却のことをサーマルプレトリートメント（熱的前処理）と呼んでいた。焼却を埋立のための「前処理」と考え、埋立の環境影響を最小にしようとの考えである。堆肥化や資源選別などは資源化に分類されるが、やはり埋立の負荷を低減する。収集時の分別や2Rも、最終的な埋立の負荷軽減のための方法である。

このように、最後からさかのぼって考えるということは、重要な意味をもつ。資源化・リサイクルは、施設の建設と運転が第一で、回収物・生産物の利用先を見つけるのはあと、といったところがある。製品を製造するときは、消費者のニーズを調査して製品開発を進める。資源化やリサイクルの場合にも利用者のニーズを把握し、それに合わせて設備や回収方法を決定するのが正当な順序である。埋立地も同じであって、住民から反対を受けやすい施設であるが、利用可能な土地を生み出すことの利点は大きい。現在、跡地利用の計画がある埋立地は少なく、あったとしても公園・緑地、林地が大部分である。跡地利用を終点とすると、①どのように利用するか、次に、早期の利用を可能にするために②埋立廃棄物の種類および前処理、③ごみの特性に合わせた構造、維持管理方法、そして④利用方法にふさわしい立地（周辺土地利用、アクセスなど）を考えることになる。このようにライフサイクル全体を考え、跡地利用から全体の処理計画を立てることができれば、迷惑施設（第7章参照）と言われる埋立地が広い有効な土地を生み出す「有用施設」と見られるようになるかもしれない。

ごみの発生から埋立までをひとつのシステムと見て相互の関係を意識し、ごみ処理全体を望ましいものとする必要がある。これが、Integrated Solid Waste Management（総合的廃棄物処理）の考えであり、欧米においては一般的な用語となっている。残念ながら、日本ではこの言葉を聞くことがない。

[10] 環境省、3Rとは（Re-style）http://www.re-style.env.go.jp/about/

ごみ処理とリサイクルの見える化が必要

以上、本章で述べた問題を生じさせないようにするには、ごみ処理の可視化、見える化が必要である。

第一に、ライフサイクルにわたるモノの流れ（マテリアルフロー）の可視化である。海外リサイクルの問題は、どのような処理がされているのか、需要が安定しているかに無関心であったことによる。農作物の場合には生産者にさかのぼれること（トレーサビリティ）が重要とされる。リサイクルにも、そしてごみ処理にも、発生するところから最終的な行き先までを追えることが必要である。全体が見えると、システムの信頼性が高まる。例えば堆肥化は収集方法、収集時の散乱などのほか、つくったけれど売れないというのが最大の問題である。成功例に共通するのは、排出者→堆肥生産→堆肥の販売→野菜の生産者→消費者とのサイクルが見えることである。排出者は最後に自分たちに戻ってくるので、適正排出をこころがけ、堆肥生産、販売、農家は、サイクルの一部であることを自覚する。ホテル、コンビニなどが行う堆肥化も、農家と契約してその生産物を使うとの循環をつくっている。

そして第二は、モノ、エネルギー、コストの定量化である。収集された資源物が、どのように処理されて回収率はどれだけか、最終的には何に使用されるのか、このプロセス全体のエネルギーはプラスかマイナスか、そして過大なコストが投じられていないか、である。特にリサイクルについては、こうした情報なしに「リサイクルはよい」との感覚で進められてきたが、定量的な数値による見える化が必要である。

災害廃棄物の特徴と対策

二〇一一年に発生した東日本大震災は、被害の範囲があまりに広く、経験したことのない量の廃棄物が発生した。日常のごみ減量を進めていたとしても、ひとたび災害が起こればすぐに埋立地がいっぱいになってしまう。このことは阪神淡路大震災（一九九五年）のときにも経験していたが、東日本大震災は被災範囲が広かったことから廃棄物発生量は膨大で、岩手県、宮城県ではそれぞれ九年分、一四年分の廃棄物が発生したと推定された（ただし、これは被災地の建築物からの推定であり、実際には海への流出もある）。戸建て住宅が全壊すると、建物の基礎部分を含めて家庭から出るごみの何十年分もの廃棄物が発生する。通常はリサイクルしている自動車や家電製品は破壊され汚れている。古紙や容器包装などは、回収のしようがない。もちろん可燃ごみと不燃ごみもすべて一緒になっている。これらを、できるだけ早く処理することが求められる。東日本大震災では、水産加工場が多かったことによる腐敗と悪臭、灯油・ガソリンなどの有害物散逸、塩分を含む木材・生木の資源化、仮置き場での火災発生、津波で運ばれた津波堆積物（土砂）など、様々な問題が起きた。災害は、日常的なごみ処理とはまったく異なる状況を生み出す。

東日本大震災のあと、不幸にも地震、豪雨による水害、土砂崩れと土石流などの自然災害が各地で多発した。ほかにも日本では台風、火山の噴火、豪雪などもある。国と自治体は、事前に対策を講じる必要が生じた。廃棄物については都道府県、自治体によって災害廃棄物処理のマニュアルづくりが行われている。

災害が発生したとき、まず被災場所から廃棄物を除去しなければならない。道路を確保し（啓開という）、衛生状態の悪化を避けるためである。廃棄物は仮置き場へ移動し、可能な限り選別を行って資源化可能なものを抜き出し、焼却などにより減容化をはかり、残りを埋め立てることになる。各自治体は、この一連の手順を災害廃棄物処理計画、あるいは災害廃棄物対策マニュアル等にまとめている。だが、もっとも難しいことは、ある日突然発生した災害にこうした計画やマニュアルがどれだけ生かせるかである。自治体に専門部署をつくっても、人事異動によって人が入れ替わるためノウハウの継承が難しい。

災害が発生したときには自治体のみで対応することは不可能であり、産官学の協力が必要である。例えばプロの処理業者ならば、発生量を見積もり、主な組成は何か、どのように選別処理すればよいかを判断することができる。廃棄物の輸送には他自治体や建設業の協力が必要になる。収集車の調達や処理廃棄物の受入れなど、隣接自治体との相互協定も重要である。こうした考えのもと、環境省の災害廃棄物処理支援ネットワーク（D. Waste-Net）は、研究機関、自治体、廃棄物処理関係団体、建設業関係団体、輸送関係団体などから成っており、災害発生時の初期対応、中・長期対応を行おうとするものである。非常時こそ、「知」と「経験」の集結が必要である。

さらに詳しい情報

収集と選別については、

松藤敏彦：ごみ問題の総合的理解のために、技報堂出版、二〇〇七

の第7章において、収集コスト、低い選別回収率などの例を説明している。

第5章　プラスチックをめぐる様々な問題

海洋プラスチック発生量はどのように推定されたのか

クジラの胃袋から出てきた大量のプラスチック、プラスチックストローが鼻に刺さってしまったウミガメ、クラゲのように海中に浮遊するポリ袋、こうした画像・映像がニュースやＳＮＳなどで流れている。これを見て「レジ袋の有料化が必要だ」「ストローの使用をやめよう」などの動きに対する賛同が増える。例えば、次のようなＰＲがあった。「海洋プラスチックが世界的問題となっている。レジ袋は大量に使われている。レジ袋に入れてごみが捨てられることもある。だから、レジ袋を有料化することが必要だ。」こうした因果関係が本当にあるのかを、モノの流れ（マテリアルフロー）の視点から冷静に考える必要がある。

表 5・1　サイエンス誌の海洋流出プラスチック量の推定

順位	国	海岸域人口 [百万人] ①	一人一日排出量 [g/人日] ②	プラスチック割合 [%] ③	不適正処分割合 [%] ④・1	散乱割合 [%] ④・2	不適正管理されたプラスチック [万トン/年] ⑤	海洋流出プラスチック [万トン/年] ⑥
1	中国	263	1.1	11	74	2	882	132～353
2	インドネシア	187	0.52	11	81	2	322	48～129
3	フィリピン	83	0.5	15	81	2	188	28～75
4	ベトナム	56	0.79	13	86	2	183	28～75
5	スリランカ	15	5.1	7	82	2	159	24～64
6	タイ	26	1.2	12	73	2	103	15～41
20	アメリカ	113	2.58	13	0	2	28	4～11
30	日本	115	1.71	10	0	2	14	2～6

海洋プラスチック対策として日本もプラスチック使用について見直さなければならないという動きは、海洋流出プラスチック量ランキングにおいて三〇位とされたことが大きく影響している。二〇一五年に発表されたサイエンス誌の論文[1]がその出所であるが、論文中の表には上位二〇カ国までしか記載がない。一九二カ国のデータは添付資料にあり、算出方法がわかるようその一部を抜き出すと表5・1のようになる。海洋プラスチック発生量は、表中の数値を順に掛け合わせて算出されている。まず一人一日あたりの廃棄物発生量（表中②）に①の人口を掛け、③のプラスチック割合と④の不適正処理割合を掛けて、⑤の不適正管理されたプラスチック量を求める。これに海への流出率を乗じて、海洋プラスチック発生量としている。流出率は、⑥と⑤の比率から一様に一五～四〇％としているようであり、そのため⑤の数値が三〇位の日本が海洋プラスチック発生量も三〇位、世界全体の〇・五％にあたるとされたのである。

途上国での収集率は五〇～七〇％にとどまっており[2]、街なかに放置されるか、家の近くへ投棄することが多い。また収集されても、行き先は管理されていない埋立地、すなわちオープンダンプである。この両方が不適正処理でり、表の④・1では八〇％前後とされている。

[1] J.R. Jambeck *et al, Plastic waste inputs from land into the ocean,* Science, Vol. 1347 Issue 6223, 768-771, 2015

[2] 国際協力機構、世界のごみの現状を知る　https://www.jica.go.jp/publication/mundi/1805/201805_02_02.html

日本からの海洋プラスチック発生量推定は過大

さて、ごみ研究者の目から見ると、この推定はとても現実的とは考えられない。まず、オープンダンプで処分されたとしても、そこから一五~四〇%もが河川を通じて、あるいは風で飛ばされて海へ到達するとは考え難い。もしそうならば、オープンダンプのごみは大幅に減ってしまうことになる。次に、人口の設定である。表の①は、海岸から五〇キロメートル以内の人口である。近くに河川がないところも多いだろうし、風で数十キロも飛ばされるとは考え難い。

日本が三〇位とされた計算には、三段階の問題がある。まず海岸域人口の仮定で、まわりが海で囲まれ、海に近い平地に可住地がある日本では、ほぼ全人口が海岸域人口とされてしまう。表の①は全人口の九〇%以上である。次に、表の④・1の不適正処分率はゼロだが、④・2の散乱が国に関係なく二%とされていることである。日本でもゼロとは言えないだろうが、もし二%も散乱したら街はごみだらけになってしまう。そして散乱ごみの流出率が一五~四〇%ときわめて高いことである。つまり日本が三〇位となったのは、「国のほぼ全人口から二%の散乱があり、海への流出率も高い」としていることによる。札幌市の年間ごみ量は約六〇万トンなので、表5・1に従ってその一〇%がプラスチックとすると、その二%は一二〇〇トンである。散乱量はその百分の一の一二トンでもまだ大きすぎるのではないだろうか。さらに川に近い場所は限られるし、雨水によって流されても下水の側溝にはふたがあり、下水に流入した場合には処理場のスクリーンで異物として除去される。他都市でも状況は同じと考えると、日本に関して、サイエンス誌の推定量は少なくとも一万倍以上は過大であると思われる。

世界全体の二八％を占めるとされている中国は、東海岸に上海、天津、広州などの大都市が並び、その不適正処分の割合が七四％というのは高すぎる。サイエンス誌の著者は、スカベンジャーによるリサイクルのほか、輸出入などの考慮が抜けているなどの不確実性が含まれることを述べているが、推定値をそのまま受け取るのは大変疑問である。全流出量は論文の数値の百分の一程度ではないだろうか。そうすると、論文の著者自身が「推定発生量が浮遊するプラスチック量の一〜三桁多い」としていることとも一致する。

海辺や川岸に漂着するプラスチック

日本ではごみも資源物も、収集以降の飛散はほとんどないと考えられる。リサイクルされる場合は再資源化施設内で処理されるし、ごみとなる場合にもプラスチックは大部分が焼却される。以前は有害ガスが発生するとの理由で埋め立てされることもあったが、埋立地では一日の作業後に土をかぶせることが義務づけられている（図2・5）。一方で、収集以前の散乱（いわゆるポイ捨て）あるいは不法投棄はゼロではない。

埼玉から東京を抜けて東京湾に注ぐ荒川では、下流域の三〇キロメートルにわたる川岸のクリーンアップ作業が行われている[3]。漂着散乱ごみの上位はペットボトル、発泡スチロール、食品のポリ袋などであったが、大型ごみの漂着も多いことから河川への不法投棄が主な原因と思われる。数量につい

[3]　重化学工業通信社石油化学新報編集部：海洋プラごみ問題解決への道、重化学工業通信社、二〇一九

ては不明である。

海に囲まれた日本では、漂着ごみの中でも海岸への漂着は一九九〇年ごろから注目され始めた。当初は文字の判別により中国、韓国など海外からの漂着が多いことが注目され、もっとも多かったのは漁具であった。環境省は継続的に調査を行っており、二〇一七年度に全国一〇地点で行った調査[4]によると、重量の二三%がプラスチックであった。しかしそのうちもっとも多いのは漁網・ロープ（四二%）、発泡スチロールなど（二七%）であり、飲料用ボトルは七%であった。手作業で拾い、個数を数え、種類別の容積や重量を測定することは大変な作業で、清掃作業も終わりなく続けなければならない。調査は漂着する箇所が全国に及び、再流出があるため漂着全量の把握が難しい。

未収集のごみやオープンダンプが多い途上国に比べると、日本からの海洋プラスチック発生量は大変小さいと考えられる。不適正処分に由来する国際的な海洋プラスチックの削減と、国内のプラスチック散乱、河川等への漂着は別の問題と考えるべきである。海洋プラスチックに対しては、後述の製品中のマイクロプラスチック対策や、途上国での収集とリサイクルのインフラ、オープンダンプの改善などに貢献することが日本のなすべきことであろう。

マイクロプラスチックの種類

ポリ袋がからみついた海鳥、プラスチックの網やひもがからみついたアシカなどの写真は、私たちにショックを与える。このような物理的な被害のほかにも、細かいプラスチックの表面に吸着されたＰＣＢなどの化学物質が、食物連鎖によって生態系に影響を与えることが懸念されている。五ミリメートル以下のものを、マイクロプラスチックと呼んでおり、二種類に分類される。ひとつは自然の環境の中で粉砕、細分化されて小さくなったもので、二次マイクロプラスチックと呼ばれており、プラスチック製品などの飛散や河川への流出を減らすことがその対策である。

もうひとつは製品中に含まれる微小なプラスチックで、一次マイクロプラスチックという。これには二つのグループがあり、ひとつはもともと微小な大きさに製造されたものである。プラスチック製品の原料であるレジンペレットは米粒大で漂着ごみとしての調査も行われていたが、洗顔料、ボディウォッシュ、歯磨き粉などに使用されているスクラブ材は〇・一ミリメートル以下の大きさとさらに小さい。さらに厄介なのは、もうひとつのグループである、製品の摩耗などによって発生する微細なプラスチックであり、大きな発生源ということである。[5]合成繊維と自動車のタイヤが最大のものとされる。合成繊維は洗濯のたびに、タイヤは走行時の摩耗によって発生するため対策は難しいが、日常の生活から発生していることは知っておくべきである。

---

[4] 環境省、海洋ごみをめぐる最近の動向、平成三〇年九月 www.env.go.jp/water/marirne_litter/conf/02_02doukou.pdf

[5] Julien Boucher, Damien Friot: Primary Microplastics in the Oceans: a Global Evaluation of Sources, International Union for Conservation of Nature, 2017

輸出されているのは事業系のプラスチック

二〇一七年末に中国がプラスチックの輸入禁止を発表し、輸出していた国では大きな問題となった。中国の代わりに東南アジアへの輸出が増え、受入れを拒否する国もあることが報道された。日本では国内の処理能力が不足し、自治体の施設での処理なども検討されている。さて、輸出されていたプラスチックとは私たちの生活とどのように関係しているだろうか。

何か問題が発生すると、すぐに市民生活と結びつけて取り上げる情報番組や記事が現れる傾向がある。しかしこの問題においては、廃棄物の発生源には家庭と事業所があることをまず理解しなければならない。**表5・2**に示すように、家庭から発生するプラスチックは容器包装リサイクル法の対象であるペットボトル、その他の容器包装、法の対象外の製品プラスチックなどに分けられる。容器包装リサイクルは、自治体が回収すると入札にかけて再生事業者を決定し、処理費を容器製造・利用業者が負担する仕組みであり、処理費は容器包装リサイクル協会（容リ協会）を通じて処理業者に支払われる。この費用の流れを容リルートと呼ぶ。第4章で述べたように、ペットボトルは中国が購入するようにな

表5・2　プラスチックの行方

発生源	プラスチックの種類			
	PET ボトル	容器包装プラ	製品プラなど	廃プラスチック（産廃）
家庭系	容器包装リサイクル法の対象 大部分が国内で再資源化，一部海外へ	容器包装リサイクル法の対象 国内でリサイクル	可燃ごみとして処理（分別収集しないPET ボトル，容器包装プラを含む）	（該当なし）
事業系	多くが海外へ	産業廃棄物として処理		一部海外でリサイクル

ってからは有価物として売れるようになり、自治体が独自に再資源化業者に依頼する独自ルートで、一部は海外輸出されている（販売利益は自治体の収益となる）。容器包装プラスチックの資源化、そのほかのプラスチックのごみとしての処理はどちらも国内であり、輸出はない。

一方事業系のプラスチックにはリサイクル法の仕組みが適用されないので、事業者（排出者）が処理方法を決定している。製品の生産・加工段階で発生した質のよい廃プラスチックは、以前から海外へ輸出され、ペットボトルは粗く破砕して多くが海外に輸出されていた。事業系のペットボトルとは、スーパー、コンビニ、自動販売機などで販売事業者が回収したものを指す（誰が使用したかとは無関係である）。容器包装プラスチックやその他のプラスチックは、産業廃棄物として処理されている。したがって中国の輸入禁止により処理に困っているというのは、事業系のプラスチックである。家庭系のペットボトルは再資源化施設の整備が進んで、国内での需要も増加している。

中国が輸入禁止を決定したのは、不適正なリサイクルによって環境が汚染されたためである。日本では屋内施設で粉砕、選別、洗浄などを行うが、中国におけるリサイクルは屋外で、手作業で行われるものである。家電リサイクル法が施行された当時は、家電製品の不適正リサイクルが話題となった。家電リサイクル法の枠組みによって回収されたのは推定発生量よりもはるかに少なく、回収されなかったものは中国などで環境汚染を引き起こしていた。有害廃棄物の越境移動規制に対しては、バーゼル条約がある。この名をとったＮＰＯバーゼルアクションネットワークのウェブページ[6]には、不適正な状況を示す写真が多数掲載されている。なお、海洋汚染の広まりを受けて、バーゼル条約に汚

[6] Basel Action Network, Photo Gallery　http://archive.ban.org/films/ExportingHarm.html

れた廃プラスチックを新たな対象に加え、二〇二一年から海外輸出を規制することで合意されている。中国の輸入禁止は、未選別古紙、繊維系の廃棄物、金属スクラップなど多種にわたる。海外リサイクルというと聞こえはよいが、安定的に受け入れられる保証がなく、リサイクルの輪が途絶えてしまう。前章でふれたように、ごみもリサイクルも最後までの追跡できること（トレーサビリティ）が必要で、そのためには国内のできるだけ近い範囲でのシステム構築が望ましい。

EUと日本のプラスチック戦略

プラスチックに対する国際的対策の発端となったのは、欧州委員会が二〇一八年一月一六日に発表したプラスチック戦略[7]である。発表のプレスリリースには、五つの目標として①リサイクルがビジネスとして成り立つようにすること、②プラスチック廃棄物の削減、③海洋への排出を止めること、④プラスチック廃棄物を最小化するための投資とイノベーション、⑤世界中の変化を促すことが掲げられている。このうち①については、リサイクルを容易にする設計、質を向上させるためにプラスチックの分別収集を広げる、選別・リサイクルの能力を拡充し高度化する、リサイクル品の市場をつくる（需要を増やす）ことが挙げられている。すなわちこれは、製造→回収→再資源化→利用のシステムを効率的にするということである。②には、使い捨てプラスチックの削減、海洋プラスチックの削減（過剰包装の減少、拡大生産者責任の対象拡大など）、生分解性プラスチックの利用拡大、製品中マイクロプラスチック添加の抑制が書かれている。

また同年五月二八日には海洋への散乱削減のため、使い捨てプラスチックのルールを定めた。海岸で見られる一〇品目中に、レジ袋（plastic carrier bags）も含まれている。

このように海洋ごみ問題は重要な背景となっているものの、使い捨て製品を中心としたプラスチックの総合的パッケージである日本のプラスチック資源循環戦略（二〇一九年三月二六日）は、おおむねこの流れに沿った構成・内容となっている。

レジ袋有料化は単なる象徴

日本のプラスチック資源循環戦略では、リデュース等の徹底として、最初にレジ袋の有料化義務化が挙げられている。無料配布を止めて「価値づけする」ことで、消費者のライフサイクル変革を促すとの説明がついている。しかし、これには疑問の声も多く聞かれる。「有料化はすでに進んでいるのではないか」「プラスチックごみの中のレジ袋の割合は小さいのに、なぜレジ袋を対象とするのか」、などである。有料化実施率は、環境省の都道府県アンケートによると全域で実施が六〇％、一部地域で実施が四〇％とされている。[8] レジ袋の重量割合については、容器包装リサイクル法が施行される前のごみ細組成調査によると、家庭系ごみのプラスチック中一三％であった。[9] またレジ袋の出荷量は

［7］ European Commission, A European Strategy for Plastics in a Circular Economy https://ec.europa.eu/environment/circular-economy/pdf/plastics-strategy-brochure.pdf

［8］ 環境省、レジ袋に係る調査（平成二七年度） https://www.env.go.jp/recycle/yoki/c_1_questionnaire/questionnaire_27_b_2_5.html

［9］ 枚方市、枚方市市民ごみ減量意識・組成分析調査報告書、平成一三年三月

八万トンとされ[10]、自治体が回収している容器包装七五万トンとペットボトル二九万トンの合計の、一〇分の一程度にすぎない。

量については環境省も少ないことは認めており「レジ袋がプラごみに占める割合は多くないが、有料化は（削減の）象徴になる」[11]としている。使い捨ての削減、焼却に伴う二酸化炭素排出量の削減にはなるが、漂着ごみ中の低減にはほとんどならない。量的に少ないため優先する理由は乏しく、象徴的ととらえてよいだろう。ただし、リサイクルされる可能性がほぼないことから、ごみとして処理されるときの影響は考える必要がある。

プラスチックを燃やしても有害ガスは発生しない

第3章で述べたように、プラスチックを焼却するか埋め立てするかは、自治体の間で対応が分かれてきた。焼却するのは「プラスチックは分解されないので、埋め立てると埋立地の寿命を縮める」、埋め立てするのは「プラスチックを焼却すると炉を傷め、また有害ガスが発生する」というのである。埋立地の寿命を縮めるのはそのとおりなので、ここでは焼却すると問題があるかどうかを考えてみよう。

まず炉を傷めるとは、プラスチックはすぐ燃え発熱量が高いので、高温になって耐火材を損傷することをいう。しかし耐火レンガの性能は向上して一二〇〇℃を超える溶融炉に使えるものもつくられているし、ボイラー設置の炉では水管を燃焼部まで降ろして耐火材を冷却している。施設に搬入されたごみは、ピット内でクレーンによって混合してできるだけ均質化してから炉に投入するので、プラスチックばかりを燃焼することはない。容器包装プラスチックを回収している自治体では、むしろごみの低発熱量化が起きている。

ごみ焼却排ガスの排出基準があるもののうち、有害物質とされるのは窒素酸化物と塩化水素であり、プラスチックの燃焼に関係があるのは塩化水素である。高濃度の場合には呼吸器に刺激性があるが、排ガスの基準値は健康に影響がないように設定されている。腐食性があるので、焼却施設のボイラー腐食の原因となることが問題であり、有害というのはあたらない。一九九〇年代からは、有害ガスとはダイオキシンを指すようになった。ダイオキシンは炭素、酸素、塩素からなる有機塩素化合物で、意図せず生成するので非意図的生成物と言われる。プラスチック中に塩素があるので、発生の原因となるというのである。

プラスチック容器包装の素材のうちポリエチレン、ポリプロピレン、ポリスチレンなどは塩素を含まないので、素材にかかわらずすべてのプラスチックは燃やすと有害ガスが発生するとするのは、おかしい。塩素を含むのは、ポリ塩化ビニル（ＰＶＣ）またはポリ塩化ビニリデン（ＰＶＤＣ）であり、パイプや建材のほか、家庭用としてはラップなどに使われている。ダイオキシンを心配するならこれらを分別すればよいが、塩素供給源はほかにもある。ごみ中にも食塩に代表される塩素化合物が含まれ、焼却によって揮発する。もっとも大きな誤解は、ダイオキシンの発生量である。ダイオキシン類の排ガス基準は一立方メートルあたりナノグラム単位、塩化水素などはミリグラム単位である。

---

[10] 日本ポリオレフィンフィルム工業組合、ポリオレフィンフィルムの年別出荷状況
http://www.pof.or.jp/data/

[11] 日本経済新聞、レジ袋有料化で早期に法整備　環境相が表明、二〇一九年八月一九日

ナノグラムはミリグラムの百万分の一の大きさにすぎない。塩素は空気中にもあるので、どこでも燃焼によるダイオキシン発生の可能性はある。このことからも塩化ビニルがダイオキシン発生量を増加させるとは、考え難い。

ダイオキシンは、未燃炭素が骨格を用意し、排ガスが冷却される過程において飛灰上で金属が触媒となって新たに合成されるとの説がもっとも有力である。これをデノボ合成という。未燃分を減少させるための条件下での燃焼（十分な温度、混合、時間）、デノボ合成が三〇〇℃付近で最大化することから集じんの低温化、ダイオキシンがガス状よりもばいじんに吸着して流出することから集じんの高効率化が図られた結果、焼却排ガス中のダイオキシン排出量は大幅に減少している。塩化ビニルとダイオキシン発生量の関係は認められていないし、現在の燃焼技術、排ガス処理技術によって発生は最小化されている。プラスチックが有害ガスを発生するというのは、完全に誤解である。

マテリアルリサイクルは素材の寿命をのばす手段

プラスチックをどのようにリサイクルするのがよいか。この質問に答えるのは、簡単ではない。その理由は、素材の種類が多く、リサイクルの方法が複数あるためである。例えば、古紙やアルミ缶は素材が均一で、リサイクルの方法も確立されている。しかしプラスチックはポリエチレン、ポリスチレンなどの素材が多くあり、素材に戻すか熱として回収するかの選択がある。さらに、化石燃料由来なので焼却すると二酸化炭素が発生すること、それを避けるために生物分解性プラスチックへの置き換えが必要との議論も考慮しなければならない。二酸化炭素排出に注目して、リサイクルの方法を比べてみよう。

図5・1（b）はペットボトルを再びペットボトルに戻すような場合であり、水平リサイクルと呼ばれている。何度か素材として使われたのちに焼却されて、二酸化炭素を排出する。ただし、リサイクルのプロセスの二酸化炭素排出は無視し、一〇〇％ペットボトルに戻すという理想的な場合を描いている。図5・1（a）は容器包装プラスチックのマテリアルリサイクルであり、他の製品を製造する。品質が劣るのでダウングレードリサイクル、あるいは段階的に利用するのでカスケードリサイクルと言われている。再生製品は長く使われて、最後は焼却される。そして図5・1（c）は使用後にそのまま焼却する場合である。縦方向は時間をイメージしており、（b）が四回リサイクルされる間に、（c）は新しい製品を四回供給することを表している。

「使い捨て」あるいは「ワンウェイ」は、もともとは繰り返し使えるリターナブルびんとの対比語であり、製品として一回しか使用しないことを表す。日本で使い捨てと訳しているのはEUプラスチック戦略では「シングルユース（single-use）」である。一方、スチール缶、アルミ缶も「製品」としては一回限りの利用であるが、回収して再び原材料として繰り返し利用されている。図5・1（a）（b）のようなマテリアルリサイクルは、素材としてはシングルユースとしない方法である。

欧米ではサーマルリサイクルはリサイクルではない

図5・1（a）（b）と比べると、（c）は焼却によって二酸化炭素を排出するが、発電により電力を回収するサーマルリサイクルであるとの主張がある。まず二酸化炭素排出量を比べてみよう。これ

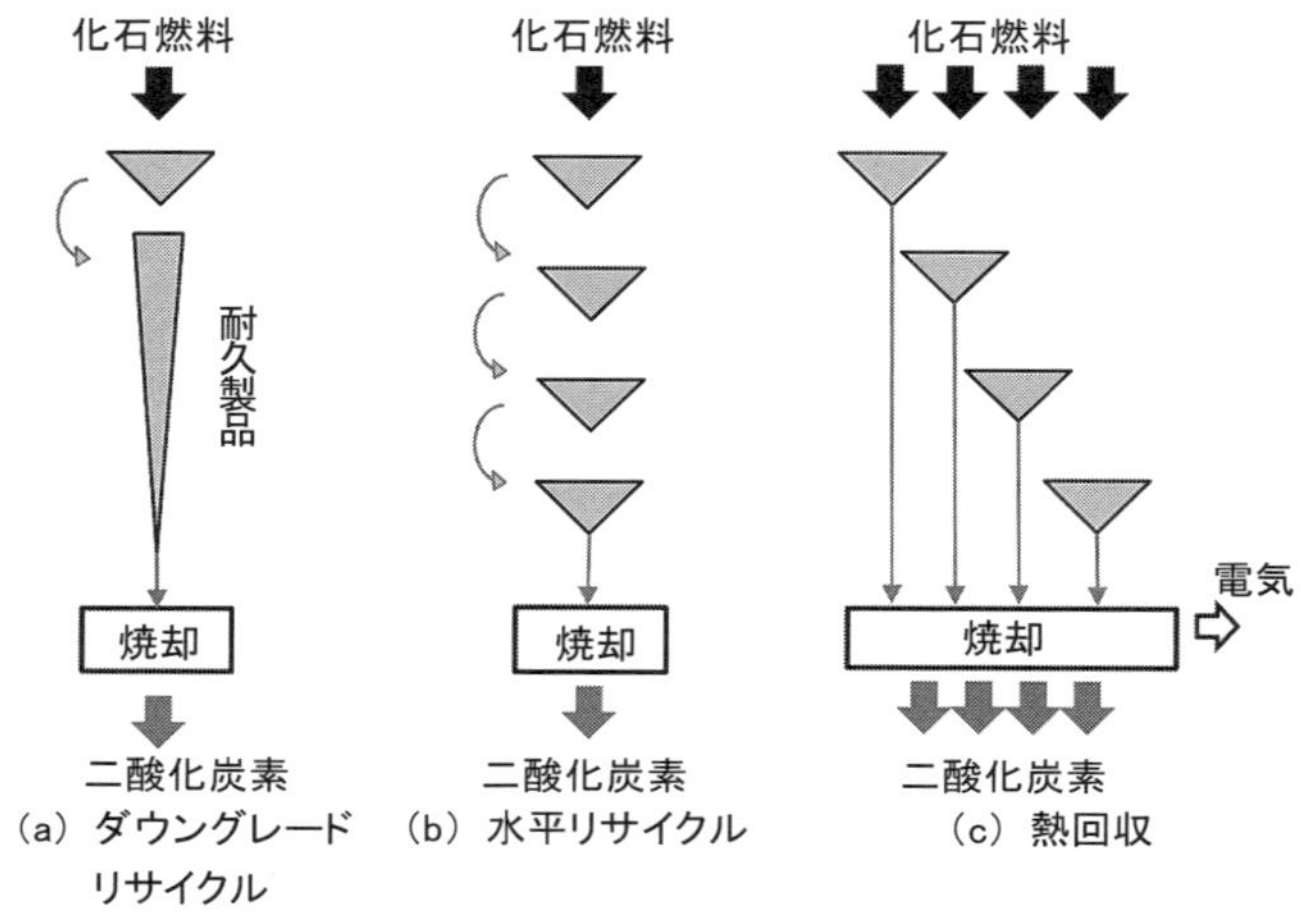

図５・１　容器包装プラスチックのリサイクル方法

は図１・３の製品ライフサイクルを考えると説明できる。電気事業者が電気をつくるまでの二酸化炭素排出量は、排出係数（単位はｔ-CO_2/kWh）で表され、石油、石炭、天然ガスなど、使用する燃料によって異なる。問題を簡単にするために発電所の燃料がプラスチックとすると、発電効率が発電所と同じならば、焼却による二酸化炭素排出はそこで得られた電力製造における二酸化炭素排出と等しく相殺される。しかし焼却の発電効率は発電所のそれの三分の一程度と低いので、（c）の二酸化炭素排出量は(b)(c)と比べて大きくなる。温暖化対策としては、燃やすことなく素材としてリサイクルし、プラスチックの寿命を長くすることが必要である。なお日本でいうサーマルリサイクルは、欧米ではリサイクルには含めないし、その言葉自体もない。エネルギー回収ありの焼却（EfW：Energy from Waste）と呼ばれ、やはり焼却である。

なおＥＵのシングルユースプラスチック対策の中心は、「一度使用されたあと、リサイクルされずに散乱するもの」である。これは、海洋プラスチック対策を背景としているためである。例えば

food containerとは、ファストフード店などのようにすぐに消費される食べ物などに使われるものを指している。規制の案は、ファストフードの容器や飲料カップについては消費量削減、皿やストローについては販売禁止である。日本では、これらが外に散乱する可能性は低いと考えられる。

生分解性プラスチックよりもマテリアルリサイクルが大事

ＥＵのプラスチック戦略では、生分解性プラスチックの使用が挙げられている。混同されやすいものにバイオマスプラスチックがあり、両者は目的が異なっている。バイオマスプラスチックはトウモロコシ、サトウキビなどのバイオマスから作られるもので、分解して発生する二酸化炭素はバイオマスに蓄積されていたものが再び放出されると考え、温室効果には寄与しない（カーボンニュートラル、炭素中立という）。一方、生分解性プラスチックは分解することが特徴で、原料は必ずしもバイオマス系に限らず、化学合成によるものもある。ＥＵで生分解性プラスチックが注目されるのは、環境に放出されても海洋プラスチック汚染を起こさないためである。

日本ではこのどちらが重要だろうか。海洋プラスチックとは別に考えると、生分解性が必要なのは自然の中で残るのが望ましくない、埋立処分と堆肥化である。特に堆肥化処理は生ごみなどが袋で収集され、最初に破砕して袋を破り、堆肥化が終了した後にふるいでプラスチックを除去する。しかし細かくなったプラスチックが残って見た目が悪くなり、利用者が確保できないので、生分解性の袋は意味がある。埋立地では、ごみ袋に入れられたごみが分解せずに残ってしまうことを避けることができる。しかし多くのごみ袋は焼却されるので生分解性であることのメリットはない。他の製品は逆

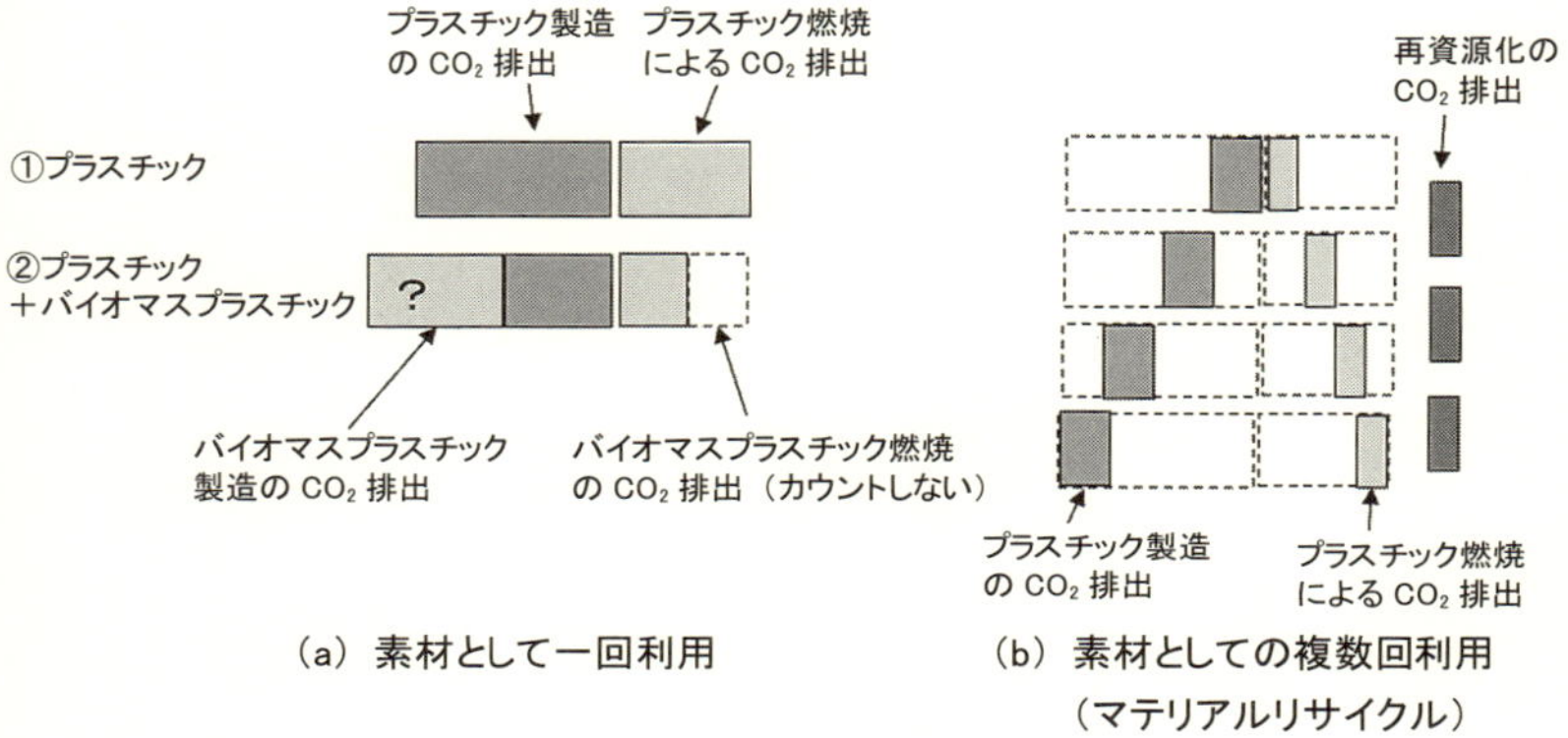

図５・２　バイオマスプラチックの効果

に、分解することが用途を制限する可能性がある。

バイオマス由来のプラスチックはどうだろうか。ライフサイクルの視点から考えてみよう（図５・２）。（a）は素材としてのシングルユースであり、最後に焼却されると仮定する。①プラスチックのみの場合に比べて、②五〇％をバイオマスプラスチックに置き換えると、焼却時の二酸化炭素排出量は二分の一となる。しかし製品をつくるまでの二酸化炭素排出があるので、バイオマスプラスチック製造の二酸化炭素排出が十分に小さくなければ、メリットはない。

一方、プラスチックを素材として何度か利用する場合は、（b）となる。選別過程で四分の一がロスとなり、その分新しいプラスチックを補充してロスは焼却すると仮定した。（a）①と比べてプラスチック製造、燃焼の二酸化炭素排出はともに四分の一となり、それを四回繰り返す。再資源化の二酸化炭素排出は製造より小さいと考えられるので、四回使用を合計すると（a）①の四倍よりもはるかに小さくなると思われる。バイオマスプラスチックの二酸化炭素排出係数が不明だが、おそらく素材としてリサイクルする（b）の方が望ましい。

バイオマスプラスチックを耐久製品に利用することも考えられている。しかし家電製品のプラスチックを再び家電製品に利用したり、自動車のバンパーを再びバンパーに戻すことは現在も行われており、図5・1（a）のように素材としてのリサイクルは、二酸化炭素排出量削減には十分な効果がある。利用の質が低下するダウングレードリサイクルでも同じである。耐久製品は寿命が長いので、わざわざバイオマスプラスチックを利用することのメリットは不明である。

循環経済（サーキュラーエコノミー）

EUのプラスチック戦略は、二〇一五年一二月の循環経済（Circular Economy）パッケージを背景としている。なぜプラスチックなのかを理解するために、概要を説明しておこう。プレスリリース[12]は、「世界的競争力を高め、持続的な経済成長を促進し、新たに雇用を創出する循環経済へと変化させる」とし、目的とするのは持続可能性、低炭素、資源効率性、競争力をもつ経済である。アクションプラン[13]は、「リサイクルとリユースの増加により製品ライフサイクルの輪を閉じ（closing the loop）、環境と経済ともに利益をもたらす。プランは、すべての原材料、製品、そして廃棄物から最大限の価値と利用を引き出し、エネルギー節減促進と温室効果ガス削減を図る。この提案は、製造↓

[12] European Commission, Press release database　https://europa.eu/rapid/press-release_IP-15-6203_en.htm

[13] European Commission, Closing the loop - An EU action plan for the Circular Economy　https://www.eea.europa.eu/policy-documents/com-2015-0614-final

表5・3　サーキュラーエコノミーのアクションプラン構成

アクションプランの章		主な内容
1　生産，製造	1.1　製品設計	耐久性，修理・アップグレード・リサイクルの容易な設計
	1.2　製造プロセス	環境・社会影響を考慮した原材料の持続的調達 資源利用，廃棄物発生・管理における工業セクター全体の向上
2　消費		消費者の選択を促す製品情報（ラベリングシステム） 製品価格と課税などの経済的動機づけ 製品寿命を延ばすための修理，リユース
3　廃棄物処理		容器包装リサイクルの目標値引き上げ リサイクルの質向上のための収集と選別
4　再生原料の市場		再生原料の品質基準設定（有機物の肥料成分を含む） 製品中有害化学物質の特定，再生原料の EU 内循環
5　優先対象	5.1　プラスチック	海洋への流出を減らすための分別収集と選別
	5.2　食品廃棄物	製造から消費までのバリューチェーンを通しての対応
	5.3　クリティカルメタル	使用製品の収集，解体，リサイクル
	5.4　建設・解体	環境影響・耐久性・リサイクル性を考慮した設計
	5.5　バイオマス由来の製品	再生可能資源のカスケード利用
6　イノベーションと投資		循環経済への移行のための条件整備
7　進行のモニタリング		データと指標

消費→廃棄物処理→再生原料市場までの、全ライフサイクルをカバーする。」としている。ここでもっとも重要な概念が、製造から再生原料市場までの“closing the loop”であり、このループ全体での取組を行うものである。

アクションプランの内容は多岐にわたるが、主なものを抜き出すと表４・１のようになる。1→2→3→4→1が、ループである。1の製品製造は、設計と製造に分けられている。1・1はエコデザインと呼ばれている。現在、生産者・消費者とリサイクラーの関心が一致していないことから、関係者が同列に並んだ市場形成が必要とし、その最初の段階として重要である。1・2では、原材料調達の範囲はEUを越えて考えるとし、製造セクターにおける技術向上には最良事例（ベストプラクティス）を広めることが重要としている。2の消費は、再生品利用の動機づけのためのエコラベルや経済的手段を挙げている。リユースと修理は雇用を増やせるとし、修理のための部品や修理情報の必要性を述べている。3の廃棄物処理は収集・選別の向上と、プロセスの透明性・費用効率性が必要とし、廃棄物輸出の規制、マテリアルリサイクルできない場合の廃棄物エネルギー回収を挙げている。4の再生原料市場形成については品質基準設定の中に、リンなど鉱物資源の肥料成分も含まれている。そして5の取組の優先対象として五つ挙げられ、プラスチックについては1・1、3、4の対応が必要としている。クリティカルメタルとは経済社会に不可欠なネオジム、コバルトなどの金属であり、CRM（critical raw material）と呼ばれている。使用している製品の回収、解体、リサイクルの向上が必要である。最後に、プランの進行状況を管理するため、7のモニタリングが必要としている。

日本ではプラスチックと食品廃棄物が主に取り上げられているが、以上のようにサーキュラーエコノミーが目指すのは、もっと大きな「社会経済システム」の革新である。

第6章　ごみはどこまで減らせるのか

リサイクル率は事業系も含んでいる

いま、二つの自治体A、Bがあり、A市はB市と比べてごみの排出量が少なく、リサイクル率は高かったとしよう。このときA市の方が優れていると言えるだろうか。ただし、人口規模が違う自治体でごみの合計量は比較できないので、これ以降は住民の数で割った住民一人あたりの量で表すことにする。

各自治体のごみ処理における基本方針は、一般に「環境負荷の少ない循環型社会の形成、3Rの推進、再資源化の推進、リサイクルの推進、経済性・効率性に優れた施設、地域循環システムの確立」などの漠然とした表現となっているが、具体的な数値目標としてはごみ排出量とリサイクル率に関するものが多い。前者はごみ総排出量○トン以下、一人あたり○グラム以下あるいは○％削減、後者については資源回収量○トン、リサイクル率○％以上などがある。処理の数値目標として焼却量○％削減、最終処分量○％以上削減などもあるが、これらも結局はごみ排出量削減、リサイクル率の結果である。ごみの排出量削減とリサイクル率の向上は、多くの自治体が目標として掲げている。これは、環境省の『日本の廃棄物処理』の中で、「一人一日あたりごみ排出量」が小さい自治体、「リサイクル率」が高い自治体を、それぞれリデュースの取組、リサイクルの取組が優れているとして、人口規模別に上位一〇市町村を紹介していることも影響していると思われる。

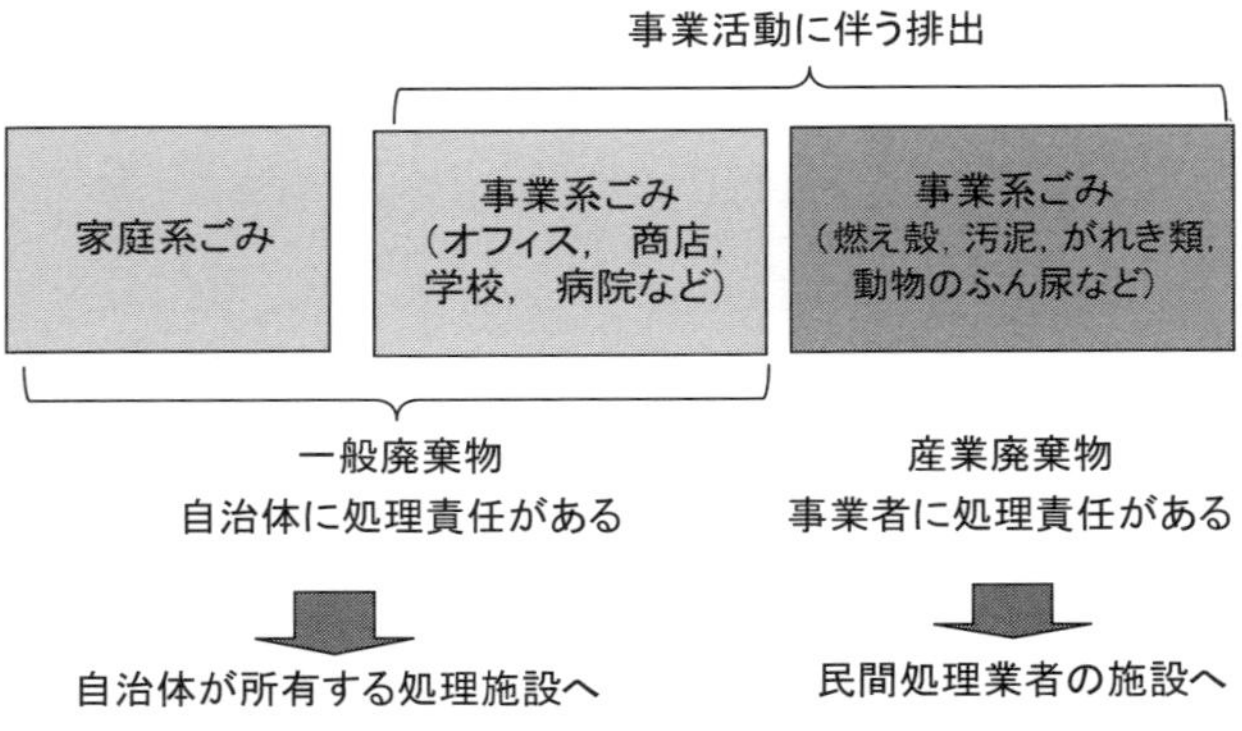

図6・1　法による廃棄物の分類

　こうした数値目標を立てること自体は、決して悪いことではないし、市民は「ごみ排出量が少ない、リサイクル率が高い」ことを望ましいと考えるだろう。しかし、自治体が掲げるこれらの目標は、家庭からだけでなく、事業系のごみも含めた指標であることは、あまり知られていないと思われる。

　廃棄物処理法は、ごみを図6・1のように分類している。まず過去の公害発生の反省から、事業活動に伴って発生する廃棄物のうち燃えがら、汚泥、がれき類など二〇種類を産業廃棄物とした。それ以外の事業系ごみと家庭系ごみを一般廃

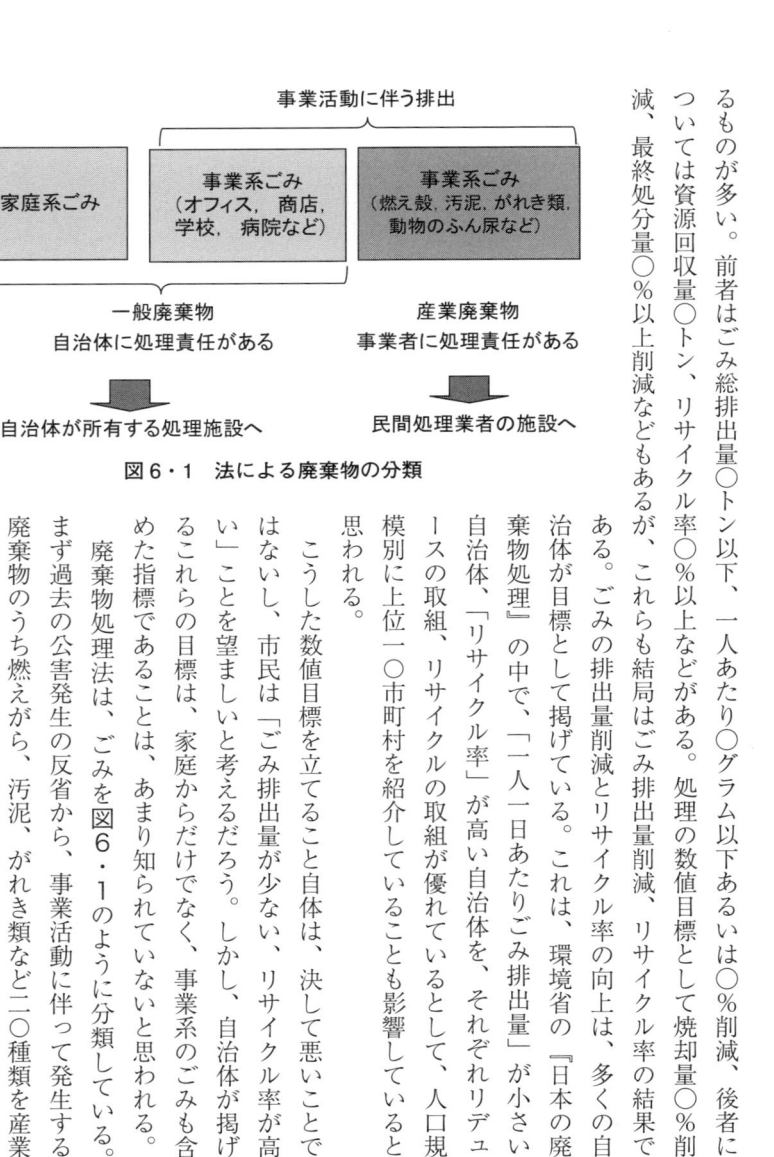

棄物として市町村が、産業廃棄物は民間の処理業者が処理することになった。図中の一般廃棄物のうち、家庭系ごみ、事業系ごみはそれぞれ家庭系一般廃棄物、事業系一般廃棄物と呼ばれている。前述の排出量とは、事業系も含んだ一般廃棄物量であり、当然ながら事業活動の程度に影響されることになる。家庭系ごみの方がリサイクルされる割合が高いので、事業所が多いほど排出量が多く、リサイクル率は低くなる。日本では一般廃棄物と産業廃棄物の区分を設けたため、多くの統計が家庭系と事業系を分けずに一般廃棄物として作成されていることに注意しなければならない。

真のリサイクル率は求められない

自治体の掲げるリサイクル率、ごみ排出量については、家庭系と事業系を区別することが最初に必要であるが、以下では家庭系のみについて考察する。家庭系と事業系は収集が別々なので、両者を区別してデータ整理を行うことは難しくない。家庭における不要物の発生からごみ処理までを概念的に描くと図6・2のようになる。図中のAの段階よりあとは、集団回収、市町村の分別収集と、資源化かごみ処理かの違いを表している。市町村が指標としている排出量、リサイクル率とはAの段階であり、リサイクル率＝資源化量÷排出量で計算されている。以前、集団回収は市民の自発的回収と見て、Aの段階の排出量にも資源化量にも集団回収による量を含めていない自治体もあったが、環境省の統計調査にも明記されるようになった。

Aの段階以降は、広い意味で自治体が関与した範囲ということができる。しかしその前には、スーパー店頭におけるアルミ缶・スチール缶、牛乳パックなどの回収がある。新聞販売店がサービスとし

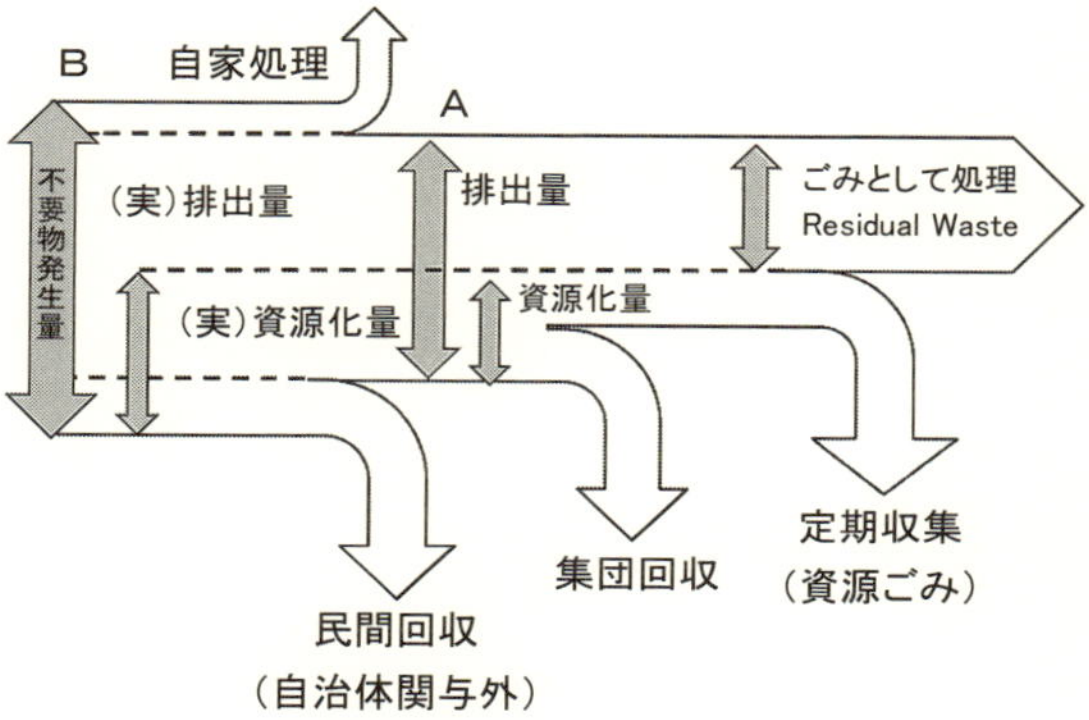

図6・2　家庭ごみのフロー

て古紙回収を行う場合もある。そのため、Aにおける排出量、およびリサイクル率は、見かけ上の指標にすぎないことになる。

真の指標として、Bの時点における排出量（＝不要物発生量）を把握することはできるだろうか。市町村自らが回収を行う範囲を増やして、リサイクル率を上げればよいのだろうか。そのためには、どのような回収があるかをまず把握し、さらに数多くの事業者の回収量を集計する仕組みが新たに必要となる。また生ごみを庭に埋めるなど（自家処理という）した量を推定しなければならない。リサイクル率を上げるには、定期収集で回収する品目を増やせばよいが、第4章で述べたように収集や選別の費用が増加することを覚悟しなければならない。

真の排出量、リサイクル率を知ること、自治体が関与してリサイクル率を上げることは、本当に必要だろうか。また、排出量は資源化量を含んでおり、どれだけリサイクルを進めても排出量を減らすことはできない。日本においては排出量とリサイクル率とはこの点で矛盾があり、それでも排出量を指標としていいだろうか。

残ったごみ（残余ごみ）という考え方

ＥＵが注目する点は、日本とは異なっている。ＥＵの例にならって図６・２を説明すると、次のようになる。まず家庭から「要らなくなったもの」が発生する。これは「不要物（waste）」である。この中には資源化できるものが含まれているので、集団回収や、資源として分別収集する。家庭での自家処理による減量もある。そうして最後に残るのは、資源化できず埋め立てするもの、あるいは焼却処理するものである。これを「残余ごみ」（residual waste）と呼んでいる。ＥＵでは焼却や埋立のことを、残余ごみの焼却、埋立という言い方をしている。

一人あたり排出量を小さくとの目標は「一人あたりの残余ごみ量を小さく」と置き換えるとよい。リサイクルについては、自治体関与かどうかによらず、最終的には残余ごみの量に結果として現れる。したがって、把握できるかどうかとは無関係に、様々なリサイクルの実施によって残余ごみが減少していると理解すべきである。不要物発生量を減らすのは、あとで述べるようにライフスタイル、製造・販売を含めた社会システムを変えるという、別の次元の問題である。

残余ごみを考えると、「ごみ」という表現があいまいに使われていたことがわかる。家庭で要らなくなったら「ごみ」であり、「ごみを分別」してリサイクルすると「ごみの減量」となる。これはよいだろう。しかし、家庭から収集する資源物はしばしば「資源ごみ」と呼ばれる。資源なのになぜ「ごみ」とつけるのだろうか。「資源ごみ」という表現は、「ごみ」をとり、「資源物」とすべきである。不要物（ごみ）から資源を別に分けて、残るのが残余ごみと考えるとよい。

家庭からどんなものがごみになっているか

それではどこまで残余ごみを減らすことができるだろうか。それには、家庭で発生する「ごみ」、すなわち不要物がどれだけあるか、それが何度かの資源回収行為を経て、最終的に残余ごみがどれだけになるかを考えればよい。

表6・1は、筆者が様々な調査結果をもとに設定した、不要物発生量とそのうちの資源化および自家処理される割合である。紙類やプラスチックなどをさらに細分化しているのは、容器包装リサイクル法などにより回収される品目に対応するためである。表の数値は左から、発生したごみ（不要物）の量、集団回収、自治体の資源分別収集、自家処理の割合を示している。分別収集は資源物（びん・缶・ペットボトル）と容器包装プラスチック回収を例とし、自家処理は家庭での生ごみの堆肥化を想定するが、表ではゼロとした。これらの割合で資源化あるいは減量化され、最後に残るのが表中最右欄の残余ごみである。図6・3は、表6・1をごみと資源を大きな分類にまとめ、資源化と残余ごみの量を図示した。

残余ごみを減らす方法は明らかである。表6・1の資源の回収品目を増やすか、回収率を上げるかである。容器包装は製品が使用された時点で不要物となるので、不要物発生量は生産量から推定できる。最新の統計を用いて単純に生産量を全人口および三六五日で割ると、ペットボトル（容器包装リサイクルの対象）一三グラム、アルミ缶六グラム、スチール缶一〇グラム、ガラスびん二六グラムとなる。ガラスびんにはリターナブルびん（ビール、清酒）五グラムを含んでいる。これらを回収量の上限とすれば、どれだけ回収できたかの目安となる。紙類は種類が多いが、家庭から回収されると思

表6・1　家庭での不要物（ごみ）発生量と残余ごみ量

	ごみ組成	不用物発生量 [g/(人・日)]	資源化，自家処理率［—］				残余ごみ g/(人・日)
			集団回収	資源物	容器包装プラ	自家処理	
厨芥		160	0	0	0	0	160
紙類	新聞紙	84.8	0.9	0	0	0	8.5
	雑誌	55.9	0.8	0	0	0	11.2
	上質紙	0.0	0	0	0	0	0.0
	段ボール	37.3	0.5	0	0	0	18.7
	飲料用紙パック	4.8	0	0	0.05	0	4.6
	紙箱，紙袋，包装紙	40	0	0	0	0	40
	その他の紙(手紙,おむつ等)	90	0	0	0	0	90
布類		16.5	0	0	0	0	16.5
プラスチック	PET ボトル	13.0	0	0.92	0.03	0	0.6
	PET ボトル以外のボトル	8.1	0	0.05	0.70	0	2.0
	パック・カップ，トレイ	13.8	0	0	0.75	0	3.5
	プラ袋	52.4	0	0.01	0.39	0	31.4
	その他のプラ（商品等）	14.6	0	0.01	0.15	0	12.3
金属類	スチール缶	10.0	0	0.90	0	0	1.0
	アルミ缶	6.0	0.02	0.95	0	0	0.2
	缶以外の鉄類	6.5	0	0.01	0	0	6.4
	缶以外の非鉄金属類	1.4	0	0	0	0	1.4
ガラス	リターナブルびん	6.0	0	0.95	0	0	0.3
	ワンウェイびん(カレット)	26.0	0	0.95	0	0	1.3
	その他のガラス	3.0	0	0.20	0	0	2.4
陶磁器類		2.5	0	0	0.05	0	2.4
ゴム・皮革		3.8	0	0	0	0	3.8
草木		30	0	0	0	0	30
大型ごみ	繊維類(布団,カーペット等)	4.1	0	0	0	0	4.1
	木材（タンス，椅子等）	11.4	0	0	0	0	11.4
	自転車，ガスレンジ等	9.0	0	0	0	0	9.0
	小型家電製品	3.1	0	0	0	0	3.1
	大型家電製品	6.3	0	0	0	0	6.3
計		720.3	2.2	5.0	2.1	0	482.3

われる新聞用紙は六三グラムである。雑誌は印刷情報用紙一八六グラムの一部であり、段ボール一九三グラムは業務用利用が多いので、家庭用の推定は難しい。容器包装プラスチックは、六九グラムと推定された。

生ごみの資源化や固形燃料化などは残余ごみをさらに減らせるが、収集方法、堆肥の利用先確保、メタン発酵施設のエネルギー回収率などが課題となる。

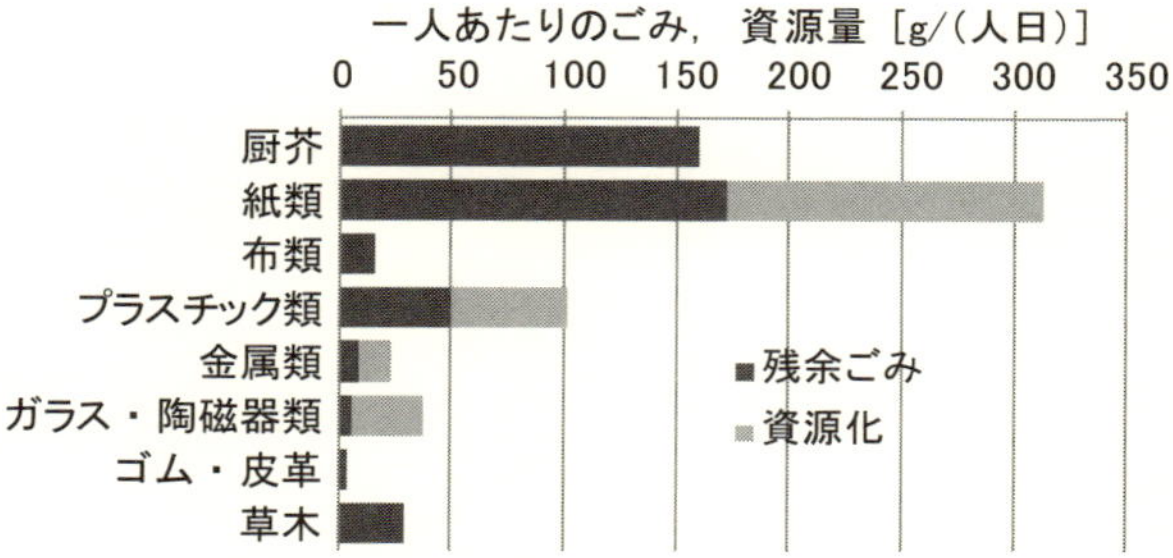

図6・3　表6・1によるごみ種類別のマテリアルフロー

有料化は減量化を動機づける手段

ごみ減量に効果があるとされる、ごみの有料化について触れておこう。最初に注目を浴びたのは、一九九三年のことである。いくつかの自治体が収集を有料化したところ、ごみ量が大幅に減ったことが新聞で報道され、全国市長会がごみの排出量を抑制する有効な手段として有料化を提言した。新聞報道された自治体が目的としたのは、実は、「焼却施設建設の財源とするため」「住民の意識改革としてマナーの確立」などであったが、ごみ減量の手段、動機づけという意味がつけ加えられたのである。同年の厚生省研究会は「経済的手法の活用による廃棄物減量化研究会」と名づけられ、排出段階の問題として、手数料が無料かあるいは低すぎることに起因する減量化動機づけの弱さとともに、減量化に努力している人とそうでない人の間の不公平さを問題とした。もっとも有効とされたのがサービスの提供を受けることに対する料金支払い（ユーザー課徴金）であり、それが有料化と呼ばれるようになった。つまり「減量化の動機づけと、減量化努力に対する公平性」が当初挙げられた目的である。

環境問題に関して、何らかの行動を促す動機づけは、金銭的動機づけと非金銭的動機づけに分けられる。[1]後者は環境影響の関係を伝えて望ましい行動に誘導する環境教育が代表的であるが、金銭的動機づけの方が即効性があり、効果も大きい。リターナブルびんのデポジット（預り金）制度は、一本五円あるいは一〇円の少額でも回収の動機づけとして働いた。「ごみの減量化を行うならば、新たな品目の回収を始めればよい」「住民へ周知を徹底すればよい」との意見がある。しかし住民への周知、実行への誘導は簡単とはいえない。これに対して、有料化はほぼすべての人に有効に働く、最良の動機づけ手段となる。

なお、有料化の実施にあわせて排出マナーの向上、ごみ減量効果を期待して戸別収集を検討することがある。しかし収集の作業は大変になる。ステーション収集の場合、ステーション間は乗車して移動できるが、戸別収集は各戸をすべて徒歩でまわらなければならない。札幌市において戸別収集を仮定して実測したところ、収集区域内の移動距離は二・七五倍、車がいっぱいになるまでの作業時間は三・四倍であった。徒歩移動距離は一日約二〇キロメートルであり、収集に時間がかかるので往復できる回数も減少する。狭い道路は車が入れず、冬季はブルーシートに乗せて回収した。サービス度は向上するかもしれないが、こうした作業の負担は委託業者にかかることを理解する必要がある。

［1］大竹文雄：経済学的思考のセンス、中公新書、二〇〇五

もっとも簡単な減量化方法は資源の分別

それでは、なぜ有料化することによりごみ（図6・2の残余ごみ）が減るのだろうか。「余計なものを買わない、自宅で処理する（生ごみを埋めるなど）、リユースにまわす」などによるのだろうか。これらはリデュース、リユースのいわゆる2Rであるが、減らせる量に限界があり、実施が広がるまでには時間がかかるため、すぐに効果は現れないだろう。実際には有料化を実施すると、ごみはすぐに減少する。図6・4は北海道旭川市が、二〇〇七年八月から燃やせるごみと燃やせないごみを有料化した際の収集量の変化である。前年度と比べると、有料化開始の一か月前に急激な増加が見られ、有料になったとたんに減少した。次の年も減ったままである。これは「ごみの排出先を、他の排出先に変える」こと以外に不可能と思われる。つまり図6・2中の下向き矢印、資源物として排出することでごみが減るのであり、お金の負担があることが動機づけになるということである。なお、二〇〇六年六月の資源ごみの増加、燃え

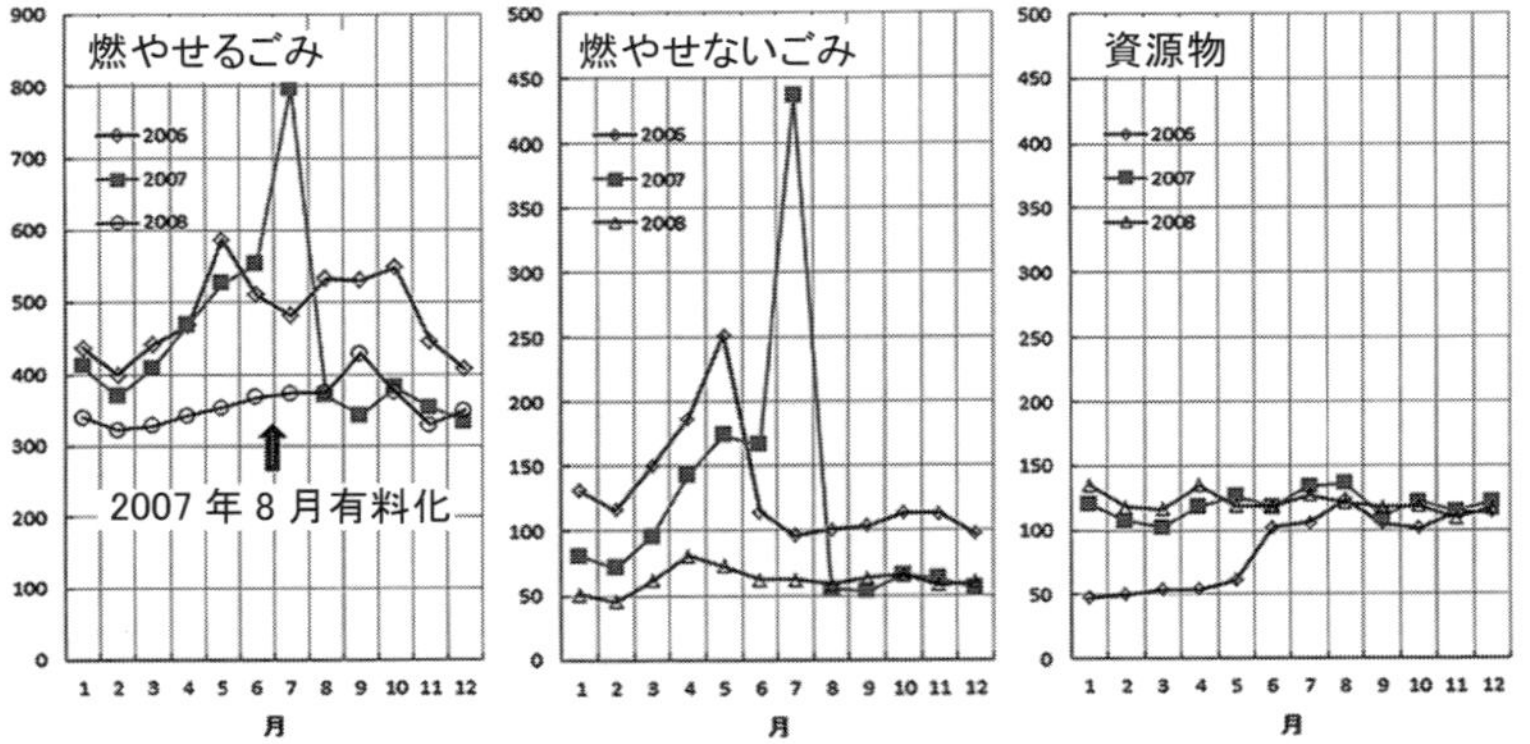

図6・4　有料化前後のごみ量変化（旭川市）
縦軸は一人一日あたりの量（単位 g/ 人・日）

ないごみの減少は、容器包装プラスチックの回収を始めたことによる。したがって、有料化によってごみ量を減らすには、市民が容易に実行できる分別先がなければならない。

有料化後に、ごみ量が再び増加して元に戻ることがある。これをリバウンドと呼ぶが、その理由は減量化の手段が安定しないこと、動機づけが薄れることが挙げられる。過去には、燃えるものを燃やす、生ごみを堆肥化することでごみが減っていたが、煙や悪臭のために使用をやめて元に戻ったとの例がある。[2] これは減量化手段が確実でなかったためである。もし有料化と同時に新たな回収品目を設けるならば、表6・1の中から排出量が多く、かつ資源化可能なものを選択すればよい。札幌市は雑がみと枝葉草の回収を、有料化と同時に始めた。分別開始と有料化開始を同時とするか否か、「分別を最初に実施して慣れてもらい、そのあとに有料化する」との意見があるが、減量化の手段を与えて同時に動機づけを与えるのが、当初掲げられた有料化の目的にかなっている。

図6・5(a)は、市民の環境配慮行動を促すための、社会心理学的アプローチである。[3] 行動のためには意識づけが重要で、環境への影響などを知らせて意識を高め、また行動を促進するために行動することの効果などを知らせるというものである。ごみの有料化についても、まず意識を高めることが重要との意見がある。しかし実際に起こっていることを考えると、図6・5(b)のようになっていると考える。まず、減量化を可能とする方法が用意されてかつ経済的動機づけがある。そのため資源の分別を実行してみると、簡単にしかも大幅にごみを減らして、より小さな袋で済むことがわか

[2] 田中信壽：一般家庭における資源消費節約型生活に対するごみ有料化の効果に関する研究、平成七年度科学研究費補助金研究成果報告書、一九九六

[3] 広瀬幸雄：環境と消費の社会心理学、名古屋大学出版会、一九九五

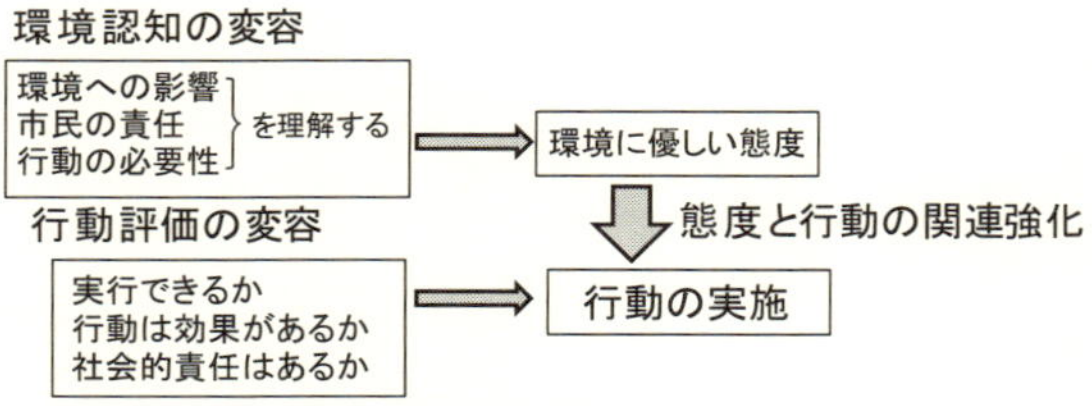

（a） 環境配慮行動を促進する社会心理学的アプローチ
（広瀬の図を簡略化）

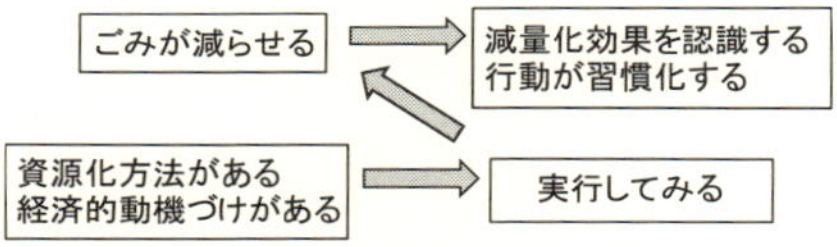

（b） ごみ有料化に伴う意識・行動の変化

図6・5 有料化に伴う市民の意識と行動

る。減量化効果を認識し、同時に環境貢献をしたとの満足感も伴い、行動が習慣化・定着する。つまり行動が先、意識があとである。ただし、行政はリサイクル量の変化、収集コストの増加、料金収入の使用方法などを説明することが、市民の理解を得るためには必要である。この点については、第7章でもう一度触れる。

動機づけを与える有料化の価格

有料化の料金は、どのくらいに設定すればよいだろうか。低すぎると減量化の動機づけが生まれず、高すぎると住民からの反対が増えるかもしれない。後者については、有料化に反対する理由として経済的負担の増加があるが、実際にどのくらいの負担となっているだろうか。札幌市は二〇〇九年から燃やせるごみと燃やせないごみを有料化とした。年間の料金収入は約三〇億円であり、単純に世帯数九五万で割ると年間三二〇〇円、月二七〇円となる。二〇リットルの袋価格が四〇円なので、二〇リットル袋で年間八〇枚との計算になる。月にペットボトル飲料二本分の二七〇円は、大きな負担とは言えないだろう。有料化という名称は住民の金銭負担を増加させるとのニュアンスがあるが、社会的なサービスに費用を払うのは電気、水道、ガスなどと同じである。そして減量化の努力によって支払い額は減少する。これこそが有料化の当初の目的である。紙おむつの使用量が多い世帯に対しては、減免措置を講じるなどを、並行して実施すればよい。

札幌市の二〇リットル四〇円は全国的に見れば高いほうで、四〇リットル三〇～四〇円程度がもっとも多い。[4]それではどのくらい低い価格設定で、動機づけが失われるだろうか。有料化の料金体系として、量に応じて価格を高くする方法、袋を無料で配布し一定量を超えたら課金する方法、一定数を超えたら料金を上げる方法などがある。いずれにしても、価格（二段階の場合は最初の価格）が低いと、ごみ量がリバウンドしやすい。[5]市販のごみ袋の価格は四〇リットル一〇～一五円なので、この二倍以上でないと負担感は生じないであろう。袋の製造費がかかるので、市販価格より低いと自治体として赤字になってしまう。また料金設定の根拠として、実際の処理費との比較も必要である。札幌市の年間ごみ処理費は二二〇億円であるが、家庭系の割合を半分とすると、有料化の料金収入はその三〇％程度にあたる。自治体が市民の理解を求める際には、実際にかかっている処理費を目安にして、市民に対して説明を行うのがよい。

燃やせるごみ、燃えないごみ、資源物、これらのうちどれを有料とするかは、自治体の方法が分かれている。有料化を実施している市のうち、資源物を有料としている割合は約三〇％であり、[4]資源物の価格を燃やせるごみなどと比べて低くするところもある。資源物も有料とする自治体は、国の考え方に従って、排出量を減らすことを意図していると思われる。しかし排出量の減少、リユースなどは

[4] 山谷修作、全国市区町村の家庭ごみ有料化実施状況（二〇一九年一〇月現在）
[5] 山谷修作：ごみ有料化、丸善、二〇ページ、二〇〇七

個人の努力には限界があり、容器の軽量化、簡素化、製品の小型化など、製造・流通段階が取り組むべきことで効果が表れる。残余ごみを減らすためには、資源物との価格差をつけるのが理にかなっている。資源物は無料とすべきか、これについては資源化にも費用がかかるので一部を負担してもらう、無料としておいて有料化収入を利用する、といった二つの考えがあり得る。いずれにしても、説明できるような設定が望ましい。

有料化によるごみ減量効果の表し方

減量化の効果は、どう表現したらよいだろうか。多くの自治体では「一人一日あたり○グラム減少した」「燃やせるごみが○％減少した」としているが、この表現でよいだろうか。図6・6のように三つの自治体で有料化を行い、ごみが減少した場合を考えよう。

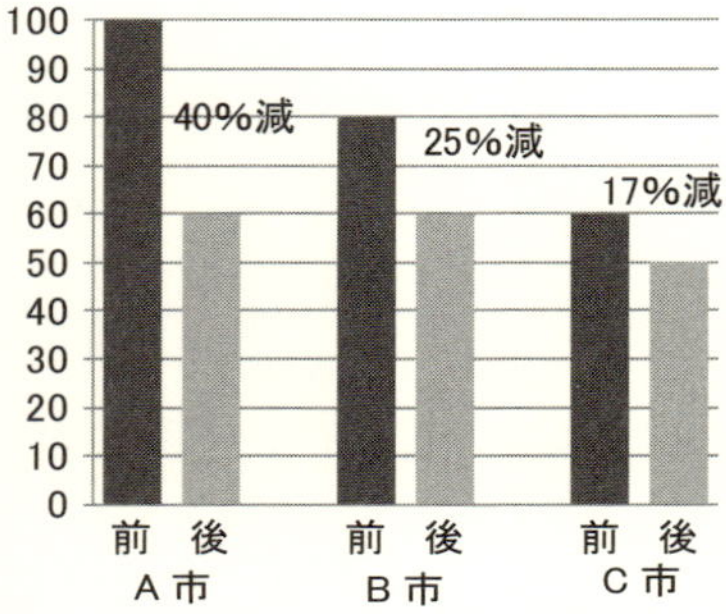

図6・6　有料化前後のごみ量変化

バーの長さは一人あたりの量で、Aを一〇〇とした。減量化率で見るとA＞B＞Cの順で、減少幅もAがもっとも大きい。しかしA、Bは有料化後のごみ量が同じである。これは有料化導入前に減量化努力をあまりしてこなかったAの方が、減量化効果が大きく見えるということである。一方、Cは減量化率、減量化幅がもっとも小さいが、有料化後の一人あたりごみ量、すなわち図6・2の残余ごみ量が最小である。このようにどこまで残余ごみ量を減らすことができるかを、有料化の目標とすべきである。

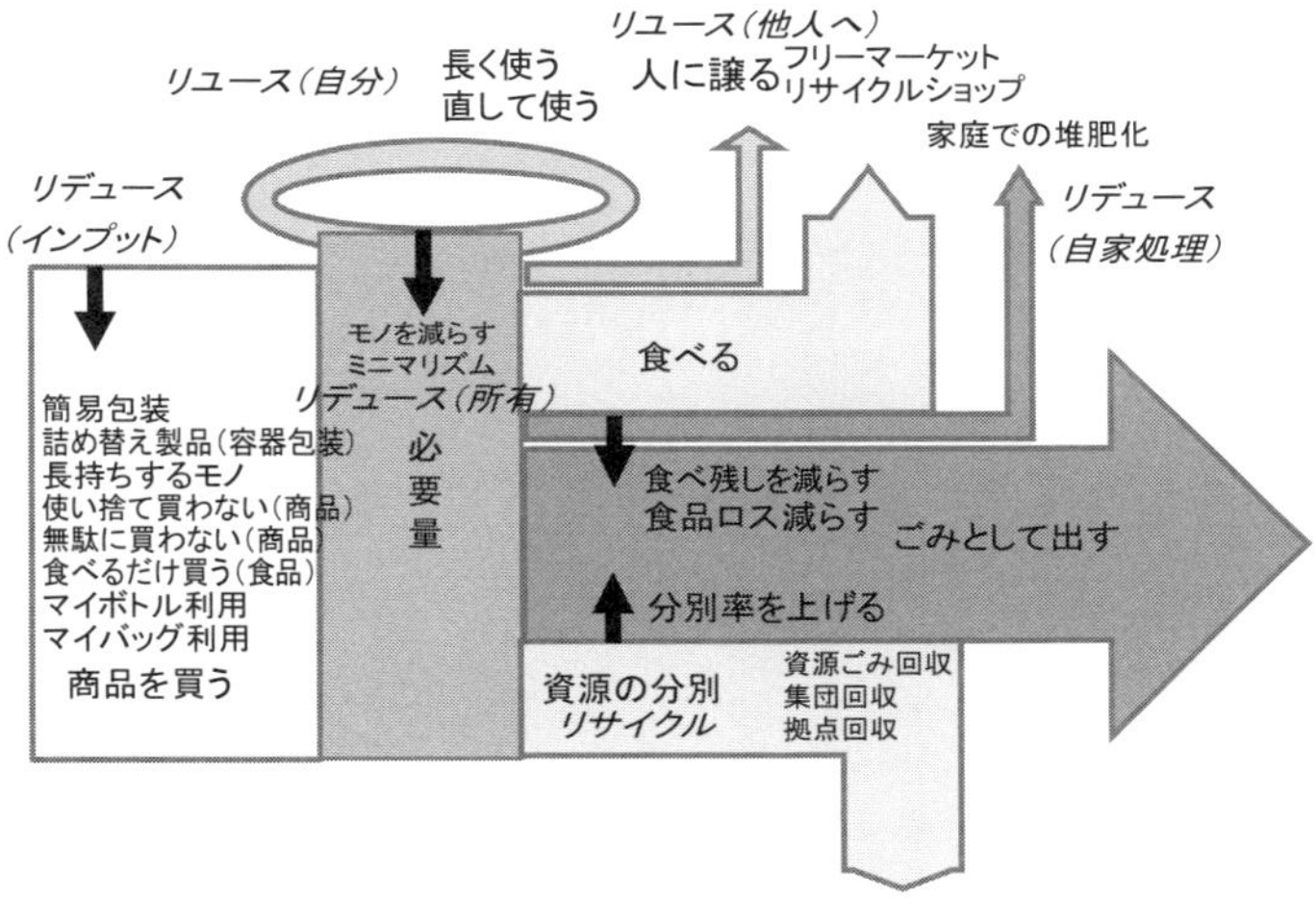

図6・7　ごみ減量化の3R

[6] 環境省、リデュース・リユース取組事例集

家庭でできるリデュースとリユース

リデュース、リユースの2Rについても触れておこう。図6・7は環境省の取組事例集[6]から、段階別に図化したものである。まず商品購入のリデュースから始まり、無駄に買わない、食べるだけ買うなどがある。マイバッグ利用はレジ袋削減と同じである。リユースには、他人へ譲ることのほか、自分で直して使うことも含めた。食品については、購入段階の食べるだけ買う、購入後の食品ロスを減らすため食べ残しを減らすことがある。食品ロスには、賞味期限前の食品が廃棄されることを含んでいる。このほかに、生ごみの堆肥化、必要量・消費量自体を減らす所有量のリデュースもある。

図6・2の資源化は、図6・7右下の部分にすぎない。しかしリデュース、リユースの多くは商

品の製造、流通、販売という社会システムを変えなければならないし、個人のリユースやリデュース行動は、ライフスタイルの問題である。前に市民の分別について述べたように、協力率（実施率）が一定程度にならないと、目に見える効果は生まれない。ごみ減量化に即効性があるのはやはりリサイクルであって、リデュースとリユースは時間をかけて変えていくべきもの、目指すべき市民の行動変容、社会システムの変革ととらえた方がよいだろう。

有料化によって消えたごみ

具体的な例として、新たな資源分別開始と有料化によってどのくらいごみが減るかを見てみよう。図6・8は、札幌市の家庭系ごみと資源回収量の推移であり、資源物は種類によらない合計とした。まず分別の増加から見ると、びん・缶・ペットボトル（一九九八年）、容器プラスチック（二〇〇〇年）の分別収集が始まっても、合計量は変わらない。一九九三年には不燃ごみ（当時の名称）を不燃ごみと大型ごみに分けたが、このときも合計量の変化はない。つまり、行き先が変わったにすぎない。ところが、一九九七年一〇月に大型ごみの有料化（戸別収集）、二〇〇九年七月に燃やせるごみ、燃やせないごみの有料化を行った際には、ごみ量と資源回収量の合計が大きく減っている。

また二〇〇九年の有料化では新たに雑がみと枝葉草の分別収集が始まり、びん・缶・ペットボトル、容器包装プラスチックの収集量も増加した。有料化開始年をはさんで、二〇〇八年と二〇一〇年のごみと資源回収物を比較すると、図6・9（a）となる。ごみ量の減少分は資源物への移動だけでは説明がつかず、一人一日あたりおよそ一〇〇グラム減少した。一九九七年の大型ごみは有料化によ

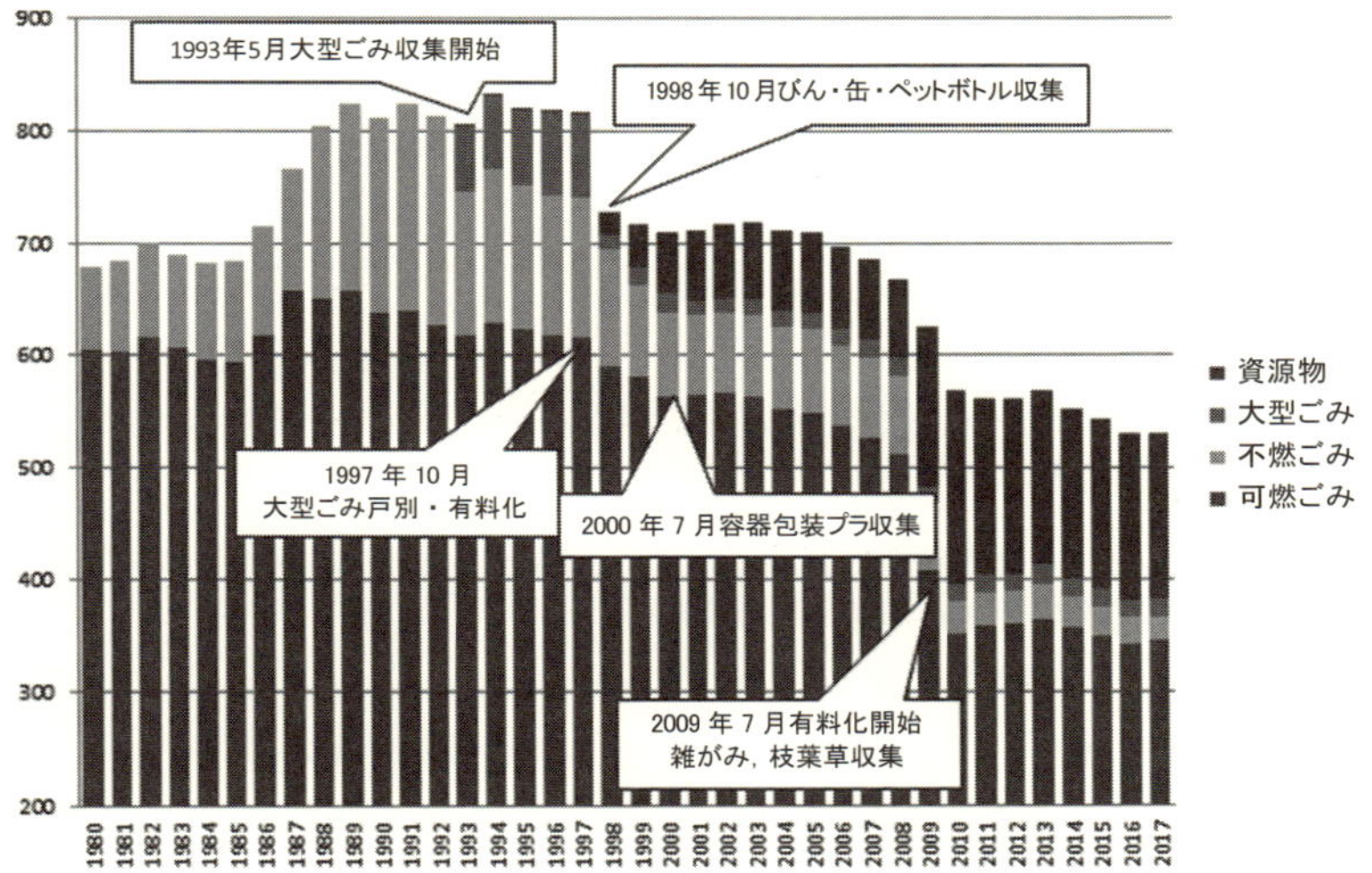

図6・8　家庭系ごみと資源回収の推移（札幌市）
数値は一人一日あたりの量（単位 g/人・日）

って、五分の一に減少した。

旭川市は資源の分別収集を徐々に増やした。ペットボトル、段ボールに続いて、二〇〇六年六月にプラ容器と紙製容器の分別回収、二〇〇七年八月から燃やせるごみ、燃やせないごみの有料化を開始した。図6・9(b)は資源の分別収集を合計し、さらに集団回収量も示した。図の右に、分別回収等の変化を記載している。札幌と同様、資源回収品目を増やしただけでは合計量は変わらないが、有料化の実施によって一四五グラムも減少した。旭川市は三〇リットル袋があること、燃やせるごみと燃やせないごみの袋が別であること、袋に入らないものは八〇円のシールとしているとの違いがあるが、袋の料金はどちらも二〇リットル四〇円である。

図6・4に示したように、有料化を実施するとごみはすぐに減っている。家庭系ご

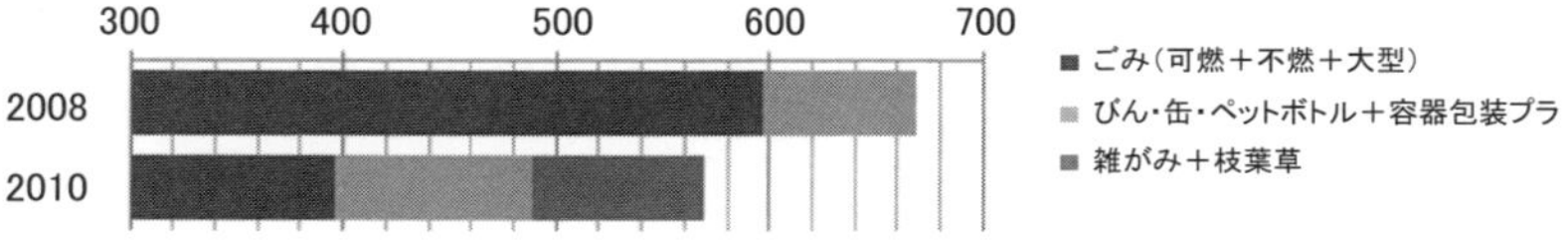

（a）有料化前後の札幌市における変化

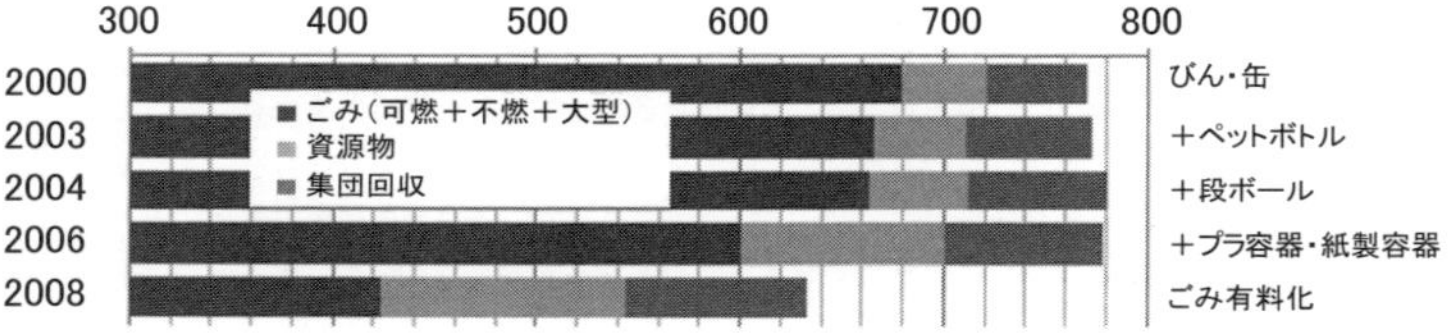

（b）旭川市の収集量変化（2007年有料化開始）

図６・９　有料化によるごみ量，資源回収量の変化
数値は一人一日あたりの量（単位 g/人・日）

みに事業系ごみが出されることがあるが、事業系ごみ量は変化がないため、これは家庭からの排出量の減少である。３R行動は徐々に進むと述べたが、有料化により何らかの行動変化が起こっていると考えられる。ヒントとなりそうなのは、季節的な変動パターンである。資源物の回収量にはもともと季節変化がなく、年間を通じた一定の消費行動の表れと思われる。一方、燃やせるごみ、燃やせないごみともに有料化によって、季節的な変動がなくなった。理由ははっきりしないが、季節的に増加する部分が減って、日常的に一定割合で発生するごみが残ったものと解釈できる。なお札幌市の残余ごみ量は三八〇グラム、旭川市は四四〇グラムで、この差は雑がみ、枝葉草と考えられる。十三大都市の中でもっとも家庭系残余ごみ量が少ない広島市が札幌市とほぼ同じなので、一人一日あたり四〇〇グラムが残余ごみ減量化目標の目安になる。

図６・８の経年的変化も見ておこう。一九八五年からごみが増加し、二〇〇五年ごろから減少してい

るが、これは日本全体で共通して見られる傾向である。前者はバブル期であり、バブルが終了してもごみが減少しないのは、ごみの発生構造がバブルによって変化したということだろう。二〇〇五年ころからの減少は、理由が不明である。

ごみ減量の原因はごみの中身を調べればわかる

有料化によってなぜごみが減少するのか。これを調べる方法は二つある。

ひとつは、有料化によって図6・7に示す行動をしたかどうかを市民へのアンケート調査で調べる方法である。しかし、その行動がどれだけの量を減らすことになるのかを「量的」に示すことは困難である。「何かをした」としても、その程度にも差がある。実際に測定しなければならないが、個人差を考えると多数のモニター数を必要とし、毎日変化するので長く継続しなければならない。さらに、無意識の行動が原因だとしたら、調査のしようがない。

もうひとつの方法は、ごみの量と中身を調べることである。図6・8のような数値は全住民の合計であり、計量しているので容易に得られる。ごみの中に表6・1の種類がどれだけあるかを調べれば、例えば「ごみの中のプラスチックボトルが減った」ことなどがわかる。こうした調査は組成分析と呼ばれ、各自治体は定期的な調査を行っている。焼却施設の維持管理のために年に四回の分析が義務づけられているので、日本全体では膨大なデータがある。ごみが集まる焼却施設のごみピットから採取するのが一般的であり、クレーンでごみを二〇〇キログラム程度取り出し、混合して四つに分け、対角部分を取り出すことを繰り返して二～五キログラムとして手で紙類、プラスチック類、生ごみ（厨芥）などに分けている。

しかし組成分析の精度は、高くない。これはピットに何百トンとある中から、わずか二〇〇キログラムを取り出すときのばらつきによる（サンプリング誤差という）。つまりどこから取るかで結果が変わってしまう。複数の焼却施設があるとき、その各々の組成分析結果は施設間で大きく異なり、また季節的な変化パターンも違う。結局全部の平均を使うことになる。この精度の低さは、混合によって異物の付着や生ごみの水分が他の物質に移行することも原因である。この問題を解消するには、「一定の地域で排出されたごみをすべてトラックに積んで回収し、袋ごとにあけて組成に分ける」方法をとればよい。①全量なのでサンプリングの誤差がない、②袋を開けて分けるので、異物付着や水分流出が最小限になり、種類別に分けやすい（生ごみはたいてい袋に入れられている）。③対象地域の人口を調べれば一人あたりの重量が得られることが、長所である。

特に、③のメリットは大きい。なぜなら従来の組成は相対割合なので、他の市町村と量を比較できないからである。世帯数が二〇〇程度なら十分に平均化でき、袋を開けてすぐ分けるので、それほど時間がかからない。対象地域の一人あたりの量となるので、可燃ごみ、不燃ごみ、資源物などを調査するとすべての合計がわかるし、容器包装プラスチックがどの区分にどれだけ排出されているかもわかり、次にとるべき対策を見出すことができる。

家庭での生ごみの堆肥化は難しくない

本章の最後に、生ごみの減量化について述べておこう。食べ残しを減らす、食材を有効に利用することも大事だが、生ごみになってしまったものを家庭で処理する自家処理が、減量化方法として大変に効果が大きい。

家庭で生ごみを処理するもっとも簡単な方法は、堆肥化である。第2章で述べたように生ごみは土に埋めておけば、自然界に生息する微生物などが水と二酸化炭素に分解してくれる。一〇〇〜二〇〇リットル程度のバケツをひっくり返したような形のコンポスト化（堆肥化）容器を一〇〜二〇センチメートル程度の深さに埋め、生ごみを入れるだけである。ところが、虫がわく、臭いがするなどの理由で、利用者は多いとは言えない。自治体が作成しているガイドラインなどには表6・2のような説明が見られるが、科学的なものとは言えず、それも利用の推進を妨げていると思われる。順に、解釈してみよう。

好気性分解は熱を発生し、温度が高いほど分解が早いので、コンポスト化容器は日当たりのよい場所に置いた方がよい。虫や悪臭の発生は、空気が入らず腐敗が起こることが原因である。落ち葉や乾いた土によって隙間をつくり、水分を吸収させることで好気性分解を進めればよい。土や枯葉は微生物の供給との意味もあり、虫や悪臭は土をかければ解消できる。ただし野菜などばかり入れると、分解されて水が出てくるので注意が必要である。

ごみや土の空隙が水でふさがれていなければ、空気は自然に内部へ侵入できるので、攪拌はしなくてよい。堆肥化は有機物の分解と水分を蒸発させるプロセスである。ふたが密閉されていると、空気も入りにくく、蒸発した水分を逃がすことができず結露してしまうので、多少のすきまがなければならない。発酵促進剤とはある種の微生物だが、在来の微生物にすぐに置き換えられてしまうため、不要である。米ぬかは炭水化物、たんぱく質、脂質を豊富に含むため発熱量が大きい。この分解が速や

表6・2　家庭用コンポスト化の注意例に対する解説

コンポスト容器の注意例	解　説
日当たりがよい場所に置く	温度が高いほど，分解は早くなる。日陰に置くのはよくない
虫や悪臭の発生を防ぐには，乾いた土や草を入れて乾燥させる	腐るのは，水がすきまをふさぐため。乾いた土や草はすきまをつくり，水分を吸収してくれるので，好気性分解が進む
乾燥した土や枯れ草を入れると，微生物の活動が活発になる	空気が入るようになり，好気性分解が進む
落ち葉や土を，生ごみと同じくらいの量入れる	入れ過ぎると，肝心の生ごみを入れるスペースがなくなる
生ごみは水分を 80～90% 含むので，十分に水切りしてから入れる	野菜の水分は水切りでは減らない。野菜が分解すると水分が出てくるので，野菜ばかり入れるのはよくない
ときどきスコップなどで攪拌し，内部に空気を入れる	水分が高すぎなければ，空気は中に侵入できる。攪拌する必要はない
発酵促進剤を入れると，臭いや虫が発生しにくくなる	どこにでもいる微生物などが働くので，発酵促進剤は不要
生ごみに米ぬかをまぶすと，分解が早まる	米ぬかはカロリーが高く，分解しやすいということ
卵の殻は細かくしてから入れる	分解しないので，必要ない
大きいものは細かく切って入れる	表面積の増加という意味では，意味がある
生ごみは新鮮なものを入れる	新鮮でないものは腐りやすいということ
天気のよい日にはふたを開けて，風と太陽の光をいっぱい入れる	太陽の光は関係ない。ふたを開けることは，内部の水分蒸発には役立つ

かに進み、他の成分の分解を早めるのだろう。段ボールコンポスト、家庭用生ごみ処理機などもあるが、庭があるならば家庭用コンポスト化容器の利用は特別な資材を必要とせず、もっとも勧められる方法である。

さらに詳しい情報

表6・1の不要物発生量は、

松藤敏彦：ごみ処理システムの分析・計画・評価――マテリアルフロー・LCA評価プログラム、技報堂出版、二〇〇五

に掲載している。付属のCD-ROM内に自治体におけるごみ処理のプログラムがあり、分別方法や処理方法を選択すると、処理全体のエネルギー、コストなどを計算できるようになっている。また、ごみの組成分析については、

松藤敏彦、石井翔太、家庭系ごみ中可燃性成分の特性値データベース作成とその利用法に関する研究、廃棄物資源循環学会論文集、二二（六）、三八二～三九五、二〇一一

において、紙、プラスチック、生ごみのうち、種類別の特性値を掲載し、組成分析の方法を説明している。さらに、ごみ有料化については、

松藤敏彦：ごみ問題の総合的理解のために、技報堂出版、二〇〇七

の第11章において、有料化の経緯、反対意見に対する回答などを説明している。戸別収集の調査については、

北海道大学廃棄物処分工学研究室、家庭系ごみ収集の調査・分析手法―札幌市における事例研究、二〇一一

に、調査結果を詳細に説明している。どこまでごみ量を減らせるかについては

北海道大学廃棄物処分工学研究室、マテリアルフローにもとづく自治体ごみ処理分析ガイドライン、二〇一八

に自治体間の資源化量、広島市を含む残余ごみ量の比較、マテリアルフローの分析手法を説明している。

第7章　ごみ施設に対する住民の反対と理解

近くはダメという住民の態度

ごみ焼却施設、埋立地の建設は、しばしば住民の強い反対を受ける。協議が長期化するのみならず、建設中止に追い込まれる場合もあり、廃棄物処理計画に対する影響は深刻である。ごみ処理施設などの嫌がられる施設を「迷惑施設」と呼び、それらに対する住民の態度を「ニンビー（ＮＩＭＢＹ）」と呼んでいる。Not In My Back Yard の頭文字であり、「施設の必要性は認めるが、自分の裏庭（近く）にあるのはダメだ」という意味である。ごみ処理施設に限らず、下水処理施設、原子力関連施設、火葬場なども迷惑施設の例である。多くの場合に公共性の高い施設であることから、建設を計画する行政の立場からは、「反対する住民は、皆が必要な施設を作ろうとしているにもかかわらず、わがままだ」、「住民エゴ、地域エゴだ」との批判的見方もされがちである。「行政のすることは、公の利益のために考えられた正しいことであり、理解を示すべきだ」との意識を陰にもつこともあるだろう。しかし、その内容は様々であることに注意が必要である。

まず、施設が地域住民にとって迷惑であることが明らかな場合がある。一九七一年に東京都で起こった「ごみ戦争」は、杉並区のごみの受入れを埋立地がある江東区が拒否したため、杉並区は収集作業を中止せざるを得ない「非常事態」となった。江東区は江戸時代からごみ捨て場があり、近代になっても都内の大部分のごみが運ばれ、一日五〇〇〇台以上の収集車が走り、道路に汚水がこぼれるという迷惑を実際に受けていた。基地や高速道路の騒音も日常生活に影響を与え、健康被害も生じるので、反対するのは当然である。

悪臭や騒音、水や大気の汚染が明らかでなくても、健康や生態系への影響に対する「心配」も反対の理由になる。焼却施設からのダイオキシンが健康に影響するかどうかなど、科学的な判断のためにはリスクの評価が必要であり、基準値はそのリスクをもとに設定されている。本章は主題としてこのことを説明したい。

それ以外の反対理由も挙げておこう。何らかの物理的影響がすでにある場合やこれから影響が出る恐れがあるといった心配は、地価の下落、地域イメージの低下などといった社会的・経済的影響を生み、それが住民の反対の理由になる。人の価値観の違いもまた、反対意見を生む原因となる。祭りの囃子の音色や太鼓の音は、地域行事に無関心な人にとっては単なる騒音であり、また田んぼのカエルがうるさいかどうかは自然に対する価値観による。賛否が分かれる保育園建設の場合は、「子どもの教育の場だから、受け入れるべきだ」という価値観と、実際に大きな騒音発生の可能性を含めて考えるべきである。

ごみ処理施設に対する負のイメージ

まず、ごみ処理施設に対して市民はどのようなイメージをもっているだろうか。「ごみと聞いたらどんな色を思い浮かべるか」を質問すると、もっとも多いのは黒、灰色であり、茶色が次に続く。実際のごみ箱の中身を見ればわかるように、近ごろのごみはプラスチックと紙が大部分なので、実は白っぽい。それにもかかわらず、黒や灰色などといった明度の低い色を挙げるのは、ごみに対して連想するマイナスイメージを表している。これと同じように、ごみ処理施設に対するイメージも悪い。焼却施設あるいは埋立地に対して思い浮かべる言葉を自由に挙げてもらうと、埋立地は「臭い」のほかに「カラス」、「汚い」といった言葉の頻度が特に高く、焼却施設については、「排気・煙」や「ダイオキシン」など、空気・大気に関わる言葉が多く挙げられる。埋立地は「怖い」、「不安」、「不信」などの心理面を表す形容詞が多いことも特徴である。また、「心配／安心」、「危険／安全」など、正反対の概念に対して、「非常に、やや、どちらともいえない」というように段階づけてアンケートに回答してもらうと、ほぼネガティブ側によった結果となる。「施設が一キロメートル離れたところに建設されるとしたら反対かどうか」を質問すると、反対の度合いが強い人ほど悪いイメージをもっている。

しかし、第2章で説明したように現在の埋立地は工学的に管理され、生ごみを含む可燃ごみは焼却したのちに埋め立てられるので、悪臭の発生やカラスが群がるなどの問題はほとんどない。また、焼却施設は、高度なガス処理によって有害ガスの環境への排出をなくし、施設内を外部より低い圧力に保つことで内部の空気を漏らさないので悪臭もない。すなわち、ネガティブなイメージは、実際の施設に関する情報よりも、先入観から生じている。市民対象のごみ処理施設見学前に施設に対する心配と建設計画に対する反対の程度を尋ね、見学後に再度同じ質問を繰り返すと、心配の度合いが減少し「建設してよい」との回答が大幅に増える。施設についてきちんと説明することは、市民の不安を減らすのに役立つ。

施設の周辺住民が抱く懸念と不安

実際の施設を知ってもらうことで、ごみ処理施設に対する負のイメージは緩和できる。しかしこれは自分から離れたところにある施設に対してであり、影響が自身に及ばない「他人事」の場合である。生活範囲の近くに建設計画が持ち上がると、その立場は「周辺住民・当事者」に変化し、「自らの問題」として考えることになる。施設の周辺住民はごみ処理施設のことをよく勉強する。インターネットで様々な情報を収集し、知識を具体化する。そして、知識が増えるほど反対が強固になっていく。インターネット情報は一般的に匿名性が高く、意見に偏りがあることも、反対を助長する。

埋立地に対しては、「しゃ水シートは完ぺきではなく破れる。必ず汚水が漏れて地下水を汚染する。有害廃棄物が埋め立てられる危険がある。有害物が持ち込まれてもチェックは完全にできない。埋立地から有害ガスが発生する。」などの懸念が挙げられる。焼却施設については「有害なダイオキシンが放出され、がんになる可能性がある。測定はしているが回数が少なく、良好なときに測定をしているのではないか。測定方法だって信用できない。」などの声がある。建設に至った場合にも、あとで述べるようにきわめて低い基準値を設定し、高度な除去装置の設置などを行うことになる。

現在の廃棄物処理施設から明らかな環境影響が発生する可能性は低いが、汚染に対する懸念は、精神的なストレス、健康リスクに対する不安につながり、強い反対を生み出す。ここで問題なのは、「危なさの程度の判断」と「工学技術に対する信頼性」を住民が主観的に判断し、施設を建設する側との間に大きなギャップがあることである。言い換えるならば、住民の懸念にきちんと答えられていないことが問題である。

健康に影響があるかどうかについての三つの誤解

私たちは悪臭や振動などは感知でき、測定数値として基準値より高いかどうかを判断できる。しかし大気や水中の有害物質の場合には、しばしば「危ない」「危なくない」といった主張の応酬になる。環境基準がその際の目安となるが、基準値とは「超えたら危ないもの、あるいは決して超えてはならないもの」だろうか。そもそも守らなければならない基準値とは、どのようなものかを知らなければならない。埋立地を例として、人の健康への影響と基準値の関係について考えてみよう。ここにはいくつかの誤解と思い込みがある。大気、騒音、水質、土壌、ダイオキシン類について環境基準があるが、水質を例にとって説明しよう。大きな誤解は表7・1のように三つある。

まず毒性である。水質の環境基準は、「人の健康の保護」に関する項目と「生活環境の保全」に関する項目があり、それぞれ健康項目、生活環境項目と呼ばれている。健康項目は有害性のあるもの、

表7・1　環境中有害物質の危なさと基準に対する誤解

誤　解	解　説
すぐに影響が現れる	水や大気の危なさは，低濃度の化学物質を「生涯」にわたって摂取した際に現れる慢性毒性を問題としている。短時間で影響が現れる急性毒性ではない。
有害物があると危ない	排出されているかどうかではなく，ヒトへどれだけ到達するかが問題である。
基準を超えると危ない	生涯を考えても影響が現れない量を決め，安全を考えて，その10〜100分の1を基準値としている。

生活環境項目は水の汚れを表す指標である。それでは健康項目に定められる物質が基準を超えて含まれる水を飲んだら、「すぐ」に健康影響が現れるだろうか。強力な毒物は摂取するとすぐに影響が現れる。これを急性毒性というが、健康項目とは「低濃度の化学物質を〝生涯〟にわたって摂取した際に現れる慢性毒性」を問題としている。したがって一度口にしたら危ないというものではない。

「存在すること」は「人体に入ること」と同じではない。これが二つめである。有害物質であっても、それを摂取しなければ影響は生じない。排出された化学物質が、呼吸、飲食などによってどれだけの量がヒトに到達するかを考えなければならない。排出源からの道筋を明らかにし、ヒトに取り込まれる量がどのくらいあるかを見たうえで判断すべきだが、たいていの場合は経路に関係なく「あることがダメ」とされている。

三つめは、基準値の決め方である。急性毒性の強さは、実験動物の半数が死亡する量の大きさによって判定できる。この量を半数致死量という。一方、慢性毒性は影響が現れるのを促進するために環境中の量より多い化学物質を動物に与え、発がんの有無などを調べる。これによってまず、影響のない最小量（無毒性量）を決める。次に一〇〜一〇〇倍の安全率を見て、摂取してよい量（一日耐容摂取量という）を決め、食品等をどれだけ飲むか（食べるか）から基準値を決定する。つまり環境基準の値は、「危なくない量」のさらに一〇〜一〇〇分の一に設定されている。

さらに、第三の点の基準値を設定する際に、「生涯にわたって摂り続けること」が前提とされていることを加えよう。例えばある特定の食品を毎日取り続けることはほとんどなく、仮に一〇日に一回と仮定するなら基準値はその一〇倍でよいはずである。しかし安全側に立って「毎日、生涯」とするのである。これは安全側というより、非現実的仮定と呼ぶのが近いように思われる。

ヒトへ達する量を最小化する工学技術

化学物質などが大気からの吸入、食べ物・飲み物の摂取、皮膚からの吸収により体内に侵入することを「曝露（または暴露）」という。表7・1の二つめは環境中で有害物質がどのように移動するかという曝露の経路を考えていないということであり、工学的技術が曝露を低減できることも理解されていない。

埋立地を例に説明しよう。過去の埋立地は何でも埋めてしまい対策もとられていなかったが、現代の埋立地は第2章で説明したように、環境影響を最小にするよう設計されている。特にしゃ水は、浸出水が漏れ出すことを防ぐ技術である。それでも漏れてしまったら、どうなるだろうか。埋立地の面積は平均一〜二ヘクタールであり、その面積で集められる量は流域内の集水量に比べてわずかである。したがって、そこから仮に漏出があったとしても、地下浸透量に占める割合はきわめて小さい。

次に、漏れ出た浸出水は、土壌層を通過して地下水層に入る。土壌層では有害物質の吸着が期待され、地下水層では膨大な量の水によって薄められる。

集排水管で集められた水に有害物質が含まれているとの懸念ももたれる。しかし集められた浸出水は、浸出水処理施設で処理される。従来の沈殿、生物処理のほかに、下水の高度処理として用いられる砂ろ過、活性炭吸着、さらにはミクロ物質を取り除く膜処理まで使われる場合もある。これらの構成は、下水処理施設よりも高度である。水道原水は通常上流側から取水するので、放流水を含んだ河川が飲料水となることはない。

有害物質の健康リスク（人の健康に対する危険性）は、有害性の大きさと、どれだけ曝露されるかで決まる。一方がゼロならば、リスクもゼロである。埋立地→地下水→飲料水、埋立地→地下水→土壌→野菜、埋立地→河川→取水→浄水処理→飲料水、などの経路と、埋立地から漏れ出し得る量の小ささを考えると、ヒトへの曝露の可能性はきわめて小さい。

環境基準は大変安全側に設定されている

埋立地の浸出水は処理後に河川などに放流されるが、その際の基準として排水基準値が設定されている。健康項目（有害物質）の排水基準値は環境基準値の一〇倍に設定されており、これは河川などに放流すると、少なくとも一〇倍には希釈されて環境基準を守ることができるとの理由による。基準値の関係は図7・1のようである。排水基準値を超えることは「重大な環境問題」と考えられているが、どんな影響が現れるだろうか。

まず、環境基準の数値について考えよう。水質の有害物質に関するすべて（河川、湖沼、地下水、

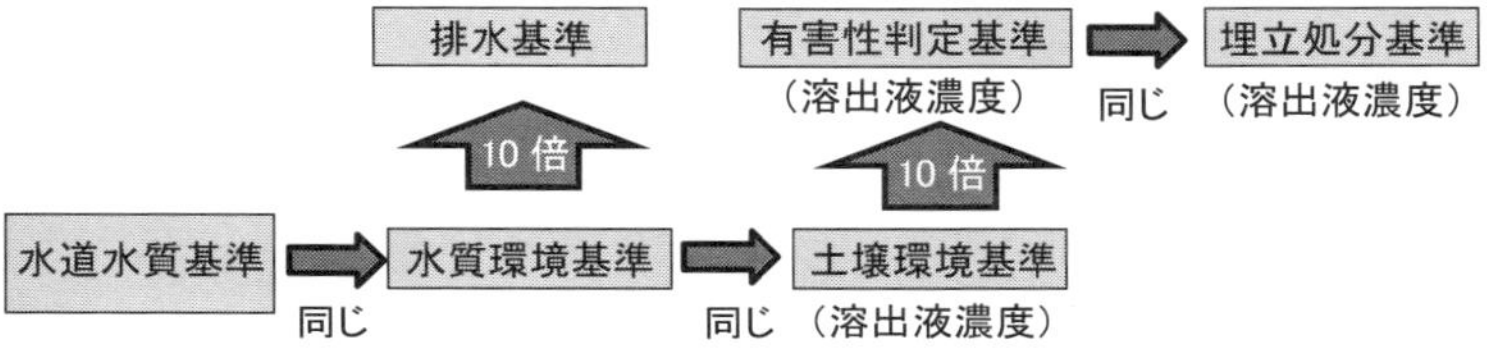

図7・1　有害物質に関する各種基準の関係

海域）の基準の出発点となっているのは、人間の健康に直接的に影響する飲料水の基準（水道水質基準）である。飲料水は私たちが毎日飲むのでもっとも厳しい基準であるが、水質環境基準はこれと同じ値に設定されているのである（ただし、飲料水の方に多くの物質が指定されている。）これは、安全性を「十分」考慮して、河川水を直接飲み続けるかもしれないという「最悪ケース」を想定するからである。飲料水の場合は、文字どおり「生涯にわたって毎日飲み続ける」可能性があるが、河川の水を飲み続けることは常識的にあり得ない。施設が遵守しなければならない排水基準値は環境基準値の一〇倍なので、飲料水の一〇倍の濃度まできれいにして排出せよとの、大変に厳しい基準である。

土壌や廃棄物は固体なので、一〇倍量の水に入れて六時間にわたり強く撹拌し続け、溶液の濃度で判断する（溶出試験という）。まず土壌の汚染を判定する土壌環境基準は、水質環境基準と同じに設定されている。これは土壌が汚染されると、地下水汚染の可能性があるためである。そして、廃棄物が有害かどうかの判定基準（有害性判定基準）は土壌環境基準の一〇倍であり、有害でないものだけを埋め立てできるとしているので、埋立処分基準もまた有害性判定基準と同じである。つまり水に溶けたものを、さらに一〇倍に薄めればそのまま飲み続けても大丈夫かどうかが「廃棄物の有害性」の基準であり、それ以下のものしか埋め立てられないということである。溶出試験は強引に溶け出させる方法であり、埋立地内で溶け出す量よりはるかに多くなるので、「有害物」

かどうかの判定は、過度に安全側である。

図7・1に示すように、水道の基準からそのほかの基準が決められてきた。この中で、水道の基準値＝水質環境基準値とした際の「河川水を水道水と同じように毎日飲むかもしれない」との仮定が、他の基準の超安全側設定につながっている。環境基準とは「これ以上だと危ない濃度」と理解されているようだが、まったくそのようなことはなく、過度の安全側に設定された「影響が生じえない濃度」である。基準は守らなければならないが、その意味を正しく理解しないために、以下に述べるような問題が起こってしまうのである。

低い排ガス目標値設定による焼却施設の過剰な費用

ごみ焼却施設は、ボイラー、ディーゼル機関、乾燥炉などとともに、大気汚染防止法によってばい煙発生施設に指定されている。いわゆる「煙」を排出する施設であり、規制すべき物質と基準値は施設の種類によって異なっている。つまり、大気汚染については大気汚染防止法がもっとも上位の法律である。ところが、多くの焼却施設では法の基準値よりも低い自主基準値を設定している。これは、環境へのリスクをさらに下げようとする低リスク化であるが、環境により配慮した対応といえるだろうか。

大気汚染防止対策が不十分と判断される地域では、都道府県が条例によってより厳しい基準を定めることがある。これは「上乗せ基準」と呼ばれ、地域の環境を守るための措置である。焼却施設の自主基準も上乗せ基準といえるが、その地域における必要性とは無関係に設定されている。ばい煙発生施設は二〇万以上あるので、[1]ごみ焼却施設だけが排出量を減らすことによる効果は無視できるほど小さいと考えられる。

低い排出基準値を設定すると、処理の高度化が必要になる。窒素酸化物を例にとると、燃焼状態の制御だけで法の基準値を守ることができるが、自主基準値は法の基準値の二分の一以下とする場合が多い。法の四分の一以下とするには触媒が必要で、効率を上げるためにガスを加温しなければならないためエネルギー回収効率も低下する。塩化水素は消石灰（水酸化カルシウム）などのアルカリ剤によって除去するが、基準値が低いほど薬剤の使用量が多くなる。そして各施設の自主基準は、法と同じ効力をもつ。ダイオキシン類濃度を測定し、もし基準値を超えていたら施設の運転を停止しなければならなくなる。

排出基準は、環境基準を達成するために定められている。水質と同様に十分な安全率が考慮されているので、排出基準もまた相当に安全側に設定されている。これをさらに低くすることに科学的な正当性はない。住民が最高水準の自主基準を求め、建設側がそれに応える場合もある。これは最高水準の処理装置をつけるということであり、本来目的とすべき健康リスクの低減とは無関係な、お金の無駄遣いになっている。

[1] 環境省水・大気環境局大気環境課、大気汚染防止法施行状況調査

埋立地の自主基準は管理を長期化する

埋立地においては、浸出水処理水（放流水）に対し、排水基準が設定されている。有害物質に対する健康項目は検出できないほど低い場合が多く、さらに低く設定する例は見られない。ところが生活環境項目のうち生物化学的酸素要求量（ＢＯＤ）、浮遊物質（ＳＳ）については、放流水が満たすべき基準に上乗せし、より低い自主基準値を設定することが多い。まず、生活環境項目とは「汚れ」であって、有害性とは無関係であることを強調しておこう。ＢＯＤは微生物が有機物を分解するときの酸素消費量であり、有機物量の指標である。ＳＳは水中に浮遊する物質で、濁りの指標である。

海域あるいは湖沼へ放流するときには、ＢＯＤに代わって化学的酸素要求量（ＣＯＤ）が基準となり、富栄養化の恐れのある場合は窒素の基準が適用される。ＣＯＤとは酸化剤を使って化学的に酸化するときの酸素消費量であり、富栄養化とは窒素やリンが豊富な状態で、植物プランクトンが異常発生する原因となる。通常埋立地の放流先は河川であるが、項目の追加として上乗せすることがある。自主基準は法的基準と同じ効力をもつため、大変に困ったことが起こる。

まず自主基準値を低く設定すると、放流水濃度を低く保つために高度な水処理を必要とする。ＢＯＤは生物処理によって除去できるが、ＣＯＤ、ＳＳの除去のために砂ろ過や活性炭吸着、あるいは膜処理までを行うことになる。また窒素を除去するには、生物処理の過程でアンモニアの酸化、酸化された硝酸態窒素を窒素ガスにする脱窒を行わなければならない。後者の脱窒には炭素源としてエタノールを加える必要があるため、水処理施設の建設費、日常の維持管理費が増加する。

もっと深刻な事態は、維持管理期間の長期化である。計画された埋立容積がいっぱいになると埋立を終了するが、浸出水の発生が続くので処理は継続しなければならない。埋立地から出る浸出水そのものが排水基準以下となれば、水処理を止めることができ、埋立地管理を終了することを廃止という。廃止の条件は、浸出水濃度、埋立地内部の温度、ガスの発生量である。埋立地内で微生物による有機物分解が進むと、温度が低下しガス発生量も少なくなり、BODも徐々に低下していく。しかし、有機物分解の過程で生成する安定有機物であるフミン質などが残るため、CODはなかなか減少しない。SSは単なる濁り成分であり、有機物分解が進んでも低くなるとは限らない。窒素はさらに厄介で、なかなか減少しないどころか、微生物の死骸が分解して流出するため時間とともに逆に上昇する傾向がある。こうして、維持管理期間が長くなるどころか、いくら時間が経っても止めることができないことも起こり得る。

浸出水のBOD排水基準は一リットルあたり六〇ミリグラムであるが、身近な食品のBOD値は、ビールは一一万、しょうゆは一五万、天ぷら油は一〇〇万（単位はいずれもミリグラム／リットル）である。排水基準を満たすには、しょうゆ大さじ一杯を四〇リットルの水で薄めなければならない。そもそも健康に影響を与える有害物質ではない「汚れ」の基準を下げることは、健康リスクが議論の対象ではないことの表れである。

埋立地はダイオキシンの安全な貯蔵施設

ごみ処理技術自体も、低リスク化の傾向がある。焼却施設については排ガスの自主基準設定以外に、溶融処理も低リスク化のための技術と言える。ダイオキシン問題によって登場した灰溶融とガス化溶融は、瞬く間に広まった。ダイオキシン対策としては排ガス対策が優先されたのち、埋立地における焼却残渣からの流出を低減するためである（第2章参照）。

稼働中の埋立地を対象にダイオキシン類の挙動を調査した研究が、一九九八年に行われている。[2] 埋立地内の量、ごみや覆土などとともに入る量、浸出水やガスとして環境へ出る量などを推定した。結果は、埋立物中のダイオキシン類を一とすると、浸出水への流出割合は一〇万分の一であった。ガスはさらにひと桁小さい。また、この時期にはダイオキシン除去のため高度な水処理技術の検討が行われたが、従来技術でも除去率は九五％以上であることがわかった。ダイオキシンは有機物に吸着されるので、生物処理の汚泥として除去されるのである。これらのことから、埋立地からはダイオキシン類は流出せず、むしろ安定した保管設備といえる。ダイオキシンの流出を減らすための溶融処理は必要ではなかったのである。溶融スラグの利用が進まないことは第4章で述べたとおりである。

埋立地から絶対に水を出さない技術の過剰性

埋立地に関しては、屋根付き埋立地を例として挙げよう。問題は構造ではなく、その使い方である。公式には覆蓋式最終処分場と呼ばれており、屋根だけではなく全体が覆われている。膜構造と言われるテント状のものと、柱と外壁をもつ鉄骨造のタイプがあり、後者は一見、建築物のようである。通常の埋立地は降雨量の変動によって浸出水発生量が大きく変化するため、浸出水処理施設への送水量を一定に保つために数か月分の容量をもつ調整池を設けている。屋根付き処分場では自然降雨の代わりに一定の散水を行うので、調整池が不要で、水処理施設も小さくて済む。廃棄物を安定化するための散水量を制御でき、処分場からの廃棄物の飛散や悪臭、カラスやトンビなどの飛来も避けられる。何より、外から廃棄物が見えないため、住民に与える不快感が小さくなる。これらの長所から、住民に受け入れられやすく、全国で一〇〇近くが稼働している。

しかし、浸出水を再び埋立地内に戻し、外へ出さないところが少なくない。その多くは膜処理を用い、海水淡水化技術である逆浸透膜の利用も多い。屋根付き埋立地に埋め立てられる廃棄物は様々だが、焼却残渣を埋めていると浸出水は高濃度の塩素を含む。その濃度は海水の比ではなく、除去率が低下して運転に障害が起こる。さらに回収した塩の利用先が簡単には見つからず、場内に保管している場合もある。逆浸透膜は純水製造に用いられるが、埋立地に戻すのならそこまでは必要がないだろう。そもそも、環境への影響を生じないよう排出基準以下に処理しているのに、なぜ水を外に出していけないのだろうか。

しゃ水にも上乗せが見られる。かつてしゃ水シートは一枚であったが、不適正処分の多さが明らかになったことから二重化が標準となった。ところがさらに上部にアスファルト層、最下部にコンクリート層などを追加する例が見られ、しゃ水の多重化が行われている。

浸出水の漏出ゼロを目指さない欧米の埋立地

日本では浸出水の漏出ゼロを目指すために土木資材であるシートを使うが、欧米の考え方は漏出の

---

[2] 野馬幸生ら、一般廃棄物最終処分場におけるダイオキシン類の収支、廃棄物学会誌、一一巻六号、二九七〜三〇六ページ、二〇〇〇

最小化であり、粘土層を基本としている。しゃ水は英語でライナーと言うので、粘土層は粘土ライナーと呼ばれる。粘土は水を通すが、水分を調整して十分に練り合わせると難透水性となる。厚さが一メートル程度の粘土ライナーは、水が通過するのに何年もかかり、有害物質の除去も期待でき、何よりシートより安価である。しゃ水シートは水を通さない（不透水性）が、穴があるとそこから漏れる。これに対し、粘土ライナーは全面で漏れるが、厚くすることで漏れ速度をゼロに近づけられるとの考えである。

もうひとつの違いは、万が一のときのバックアップである。ライナーから漏れてしまった場合に備えて、二つめのバックアップライナーを置き、その間に排水層を設けて検出と排水ができる。この構造を、ダブルライナーという。絶対漏らさないのではなく、漏れても大丈夫にするということである。なお、シートと粘土ライナーを重ねたものを日本では二重と呼ぶが、中間に排水層がないので欧米のダブルライナーとは異なっている。単に重ねたものは、欧米では複合ライナーとして一つと数えている。

日本では浸出水の漏出をゼロに近づけるために、しゃ水はどんどん厚く、多重になっている。しかし埋立地内に水がなければ、水は漏れない。すみやかに排水することが優先されるべきだが、住民の要求は、常にしゃ水の高度化である。排水に関する議論は聞いたことがなく、埋立地の中には、常に数メートルも浸出水がたまっているところが少なくない。科学的な視点に立った対策が必要である。

日本人が好む絶対安全

低い自主基準値の設定や焼却残渣溶融、埋立地からの浸出水無放流、しゃ水の高度化などが追究される理由は、リスクに対する理解の低さに併せて、「絶対に安全」を求める日本人のゼロリスク志向にある。技術を高度にするとリスクは低減されるが、どこまで低くすればよいかがあいまいであり、リスク低減とともにコストは増加する。またリスクが相対的なものであることは忘れがちである。リスクは様々な原因のものを足し合わせた合計によるので、最大のものを低くすることで低下し、小さいものを下げてもリスクは減らない。リスクは低くすればよいのではなく、許容できる範囲内にとどめることが重要である。環境基準はその許容リスクの目安なのだが、その環境基準を守るために設定されている排出基準を、さらに低くすることが求められている。

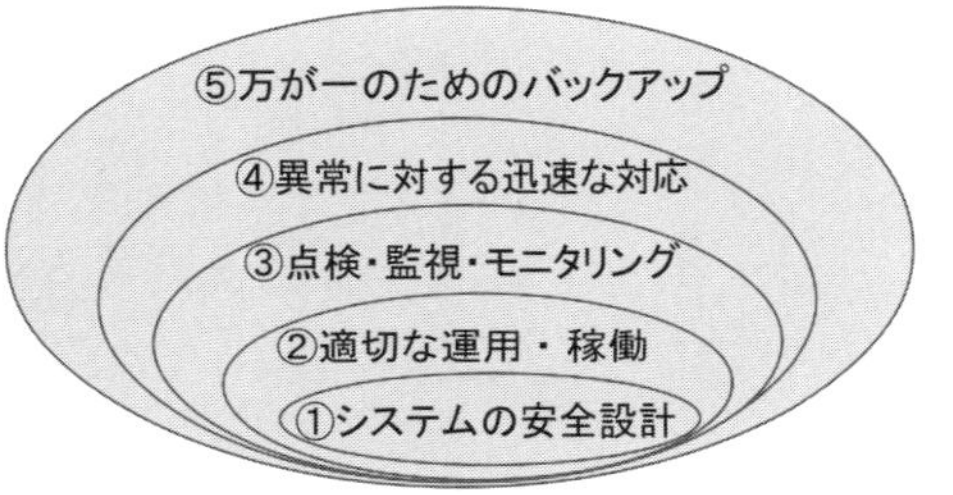

図7・2　多重の安全対策

どれだけ配慮を重ねたとしても、「不具合や事故をゼロにすること」は困難である。「絶対にない」と言ってはならない、"Never say Never" である。施設の完璧さのみを求めるのではなく、運用・稼働の適正さ、その日常的な確認・検査、異常が発生したとき迅速な対応、そして万が一の場合のバックアップなど、図7・2のような多重対策があってより安全なものとなる。施設に対する信頼性は、図7・2の仕組みが整っているかどうかで判断すべきである。

日本人の「ゼロ」を好む姿勢は、「検出されたことが問題」とされることにもよく表れている。分析手法には「定量限界」という測定の限界がある。これ以下は測れないという意味だが、近年の測定技術の進歩はめざましく、過去には測れなかった微量の物質が「測定できる」ようになっている。測定できる前は問題とされていなかったのに、数値にされたとたんに「ゼロでないとダメ」となるのである。問題とすべきは、検出されるかどうかではなく、環境基準を満足するかどうかである。

住民に対するよい対応が反対を減らす

周辺住民が施設建設に反対する理由は何だろうか。焼却、埋立、破砕などの施設のいわゆる反対住民の方を自治体や処理業者から紹介してもらい、施設反対の理由を調べたことがある。何も質問はせずに自由に話してもらう方法で、他の人からの影響を受けないように一人ずつ聞き取りを行った。音声を録音し、文章化したのち、キーワードを抜き出す作業を行ったところ、反対の理由は大きく二つに分類できた。ひとつは「施設からの影響」で、生活環境、健康影響、社会・経済面、自然環境、および事故等など予想された内容であった。もうひとつは「行政・処理業者の対応」で、表7・2のような内容であった。①のうち、なぜここに施設が建てられるのかという立地選定過程の不明確さ、建設計画が決まってから住民に知らせるという住民無視、いわゆる情報隠しはよく聞かれる反対理由である。③の不法投棄は別の場所で起こ

表7・2　住民が不満に思っている行政・業者の対応

分　類	内　容
①住民対応,住民配慮の不十分さ	地域住民の意向を無視した建設計画である 住民に対する説明が不十分，見学を許可しない トラブルに関する情報を隠した（隠している）
②計画の悪さ	ごみ処理施設がこの地域に集中している 地域還元が不公平あるいは不必要である
③不適正な処理	施設周辺での不法投棄がある 処理方法や搬入されるごみが不審である
④過去の経緯	以前の埋立地における運転管理が悪かった 以前，野焼き等を行っていた

ったことも一般化された不安となり、④は過去の問題も不信感として残るということである。

一方で、調査した施設の中には反対がないところもあった。施設からの影響、行政または業者の対応ともに問題なければ受け入れられるのは当然だが、影響があったとしても対応がよければ反対はされない。対応のよさとは表7・2の逆であり、地域との公害防止協定の遵守、測定値の公表、苦情に対する迅速な対応、施設建設前の十分な話し合い、見学の常時受入れのほか、地域行事への積極的な参加・協力も挙げられた。

リスクのとらえ方は主観的である。アルコールや喫煙などの一般的なものは低く、化学物質のようにめったに影響が現れないものや、ネガティブな感情を引き起こすものは高めになるなど、様々な要因に左右される。性別、知識などにも影響されるが、上記の例は、よい対応によって信頼が生まれ、その結果リスクが低く感じられたと解釈できる。

住民意識を調べる方法についても述べておこう。アンケート調査がもっとも一般的な方法であるが、関心・知識があまりなくても質問に答え、考えたこともない質問には思いつきや反射的に回答するかもしれない。質問・選択肢は用意されたものに限定され、本当に重要と考えることがあっても調べられない。回答者のうち関心・知識の高い人も低い人も、同じ重みで集計されてしまう。ひとりひとりの聞き取りとしたのは、こうしたアンケートの危険性のためである。

住民に理解してもらうべきは説明の内容

「住民の理解を得る」とは、行政がよく使う言葉である。例えば施設建設の際に住民から合意を得ることは重要で、そのために建設の早い段階から住民の代表を含めた委員会や、地域別の住民説明会などが開催されている。計画段階から住民参加、住民関与の仕組みが取り入れられることで、建設側は信頼を得ることができる。しかしその内容に施設に対する科学的根拠がないと、形式を整えるだけになってしまう。「ガス抜き」とは、しばしば陰で聞かれる表現である。「何を説明し、理解してもらうか」が問題である。

ごみ処理施設は高度な技術なので、信頼を構築するには、「率直さ・正直さ」とともに「知識と専門性」を必要とする。住民が懸念するのは健康影響の心配、子どもへの影響などが「あるかもしれない」ということが大部分であり、ただ「大丈夫」と伝えるのではなく、使用している工学技術、その効果などの説明が必要である。理屈に対する納得がないと、低い自主基準値の設定、高度な設備の設置など、低リスク化には際限がない。「データに基づいてなぜ必要か（必要でないか）の科学的な説明をする」ことが、本当の説明責任、アカウンタビリティである。住民の理解とは、そうした「説明」を理解し、納得してもらえるかどうかであって、住民参加の機会を設ける「誠意」を理解してもらうのではない。

東日本大震災の際、震災がれきの処理を少しでも進めるために広域処理が考えられ、多くの自治体が受入れに前向きであった。ところが、放射能の不安が広まって、岩手、宮城の廃棄物といっただけで、受入れ候補の各地で反対の声が起こった。このときの放射能の基準値は一キログラムあたり二四〇ベクレルであったが、「この基準が高すぎる、信頼できない」との声に押されて自治体は受入れ基準を一〇〇ベクレルに引き下げた。実は、埋立地での受入れ基準は八〇〇〇ベクレルであり、作業者に影響が出ないレベルとして設定されたものである。二四〇ベクレルとは焼却した際に濃縮されても焼却残渣が八〇〇〇ベクレルを超えずに埋め立てられる、として設定されたものである。こうした基準設定の意味が十分に説明されなかったため、一〇〇ベクレルでも危険と考えられてしまった。一〇〇ベクレルとは自然界に存在するレベルであり、人間の体の中にも同程度の放射能がある。同じことは食品に対する放射能の基準についても起こり、スーパーなどで自主的に基準の引き下げが行われた。

ごみ有料化は効果を示して理解を得る

ごみ有料化（第6章）を実施する際に、市町村は住民に対する説明会を多数実施する。その回数は、数百回から千回以上にもなるが、これも住民に理解してもらうことを目的としている。このときの「理解」とは何だろうか。

町内会に出向いて説明をすることは、市町村の一生懸命さを示すことになる。しかし本当に理解してもらうべきことは、「なぜ有料化をするのか、どのような効果を期待しているか」ということである。ごみ有料化によるごみ減量効果は、図6・4に示したように住民自身が実感でき、施策の合理性を納得できる。しかし市町村には施策を実施した責任がある。実施前の説明会は、どうしても概念的で不確実性が高い。住民の意見を聞くというなら、誰でも参加できる説明会をもっとも詳しい担当者が数回行い、メール等での意見聴取も行えばよい。実施後には「どれだけ減ったか、費用の増減はどうか、新たな資源化を始めたならどのように回収物が使われたか、徴収した費用はどのように使用するか」などといった結果をわかりやすく説明すれば、住民はより深く納得し、行政に対する信頼を高めるであろう。目的（何をどうしたいのか）、結果（達成度をどうはかるのか、目標値をどう設定するか）の一部あるいは全部が欠けている施策は、「やっている感」が得られるだけであり、筆者はアリバイ施策と呼んでいる。

市町村の施策について住民の理解を得るには、図3・1のPDCAサイクルを実施し、その結果を住民に伝えることである。資源物の分別については、選別施設における回収率や最終的な利用方法を明らかにし、問題があるならば住民にその理由を説明して改善の協力を求めなければならない。燃やせるごみ、燃やせないごみなどの処理に不具合が発生するときも同じである。このサイクルが閉じないと、目的も効果も不明な「やりっぱなし施策」になってしまう。

筆者が経験した住民とのコミュニケーション

利害関係者間での情報と意見を交換するプロセスを、「リスクコミュニケーション」という。ごみ処理施設についての住民説明、住民合意もそのひとつであり、特に健康リスクが対象となる場合には、行政は住民に対して論理的な説明ができるか、また住民側もその説明を聞く姿勢があるか、という双方の意識がなければならない。筆者は旭川市の最終処分場において、一五年以上にわたる貴重な体験をしてきた。

旭川市の新規処分場建設に対し、予定地にはそれまでにいくつもの処分場が設置され、農作物等への被害に加え、ごみ捨て場としての風評被害を受けていたことから、地元住民から建設差し止め請求がなされた。協議ののち協定書が締結され、旧処分場の環境保全のための監視委員会、新処分場の環境対策協議会が設置され、筆者が両委員会の会長を務めることとなった。コミュニケーションには情報の共有が必要だが、委員間の知識には大きな差がある。そこで、会議の中で埋立地内の現象、測定値の見方、用語の意味などをその都度説明し、勉強会の開催、他施設の見学、環境調査の立会などを行ってきた。市もガス抜き管、集排水管の設置などの安定化促進工事を行い、埋立地の状況も大きく改善した。その結果として行った取組のうちいくつかを紹介したい。

まず、環境調査地点数の見直しである。当初は浸出水放流先の河川水、水田土壌、農業用水などの分析を行っていた。安全を求めるのは理解できるが、放流する水が排水基準を満たしていれば、放流先で希釈されるので影響を及ぼすことはない。河川でダイオキシンが検出されても、放流水中に含まれなければ、農薬等が由来である。こうした説明によって、地元委員から環境調査数を減らしてはどうかとの提案がなされた。

委員会では処分場の予算も議論の対象としていたが、委員から内訳と金額の提示が要求され、各項目の必要性を考えるようになった。旧処分場の浸出水処理には着色成分を除くためにオゾン処理が用いられていた。「色」は排水基準にはなく、環境に有害な成分ではないことは有害物質測定でわかっているため、周辺住民の理解を得たのち運転を中止した。カルシウムスケールの発生による配管の閉塞、水処理機器への影響をさけるために新処分場で行っていたカルシウム除去も、浸出水中の濃度が低いことから停止した。

さらに、旧処分場では放流水のＢＯＤとＳＳに対して低い自主基準値を設定していた。埋立終了から一五年になるがこのままではいつまでたっても浸出水処理を継続しなければならない。そもそもＢＯＤやＳＳは汚れの指標にすぎないことの説明などを行い、地元の了解を得て、二〇一九年一〇月に自主基準値を本来の法定基準値に引き上げることになった。

これらのことは、処分場に多くの費用がかかっていることを知った委員が、本当に必要かどうかを議論した成果である。市町村のごみ処理施設は税金によって建設・運転されている。施設と運営の過剰さを見直し、必要性に応じて科学的に合理的なものとする例が増えることを望んでいる。

なお、説明自体を受け入れず「絶対に反対」という人々には、どんな説明も効果がないことは言うまでもないが、多くの市民はきちんとした説明をすれば納得してくれると信じている。

住民が誘致したくなるごみ処理施設

埋立地や焼却施設が嫌われるのは、迷惑だからである。何の得もなく心配や不安ばかりならば、反対は当然である。しかし施設によって便益があればどうか。実際、施設建設に対する地元還元として、道路や下水の整備などが行われることがある。さらには地域復興、まちづくりをセットして公募形式をとる場合もあり、数億円程度の交付金となるため、複数の地域が処理施設の誘致に名乗りを上げる。地域振興策を通じて住民の意見や要望を反映できる、受け入れてもらいやすいなどの利点はあるが、地域内での賛否が分かれて対立を生む可能性がある、本来は市町村がすべき住民の合意形成を肩代わりさせることになる、などの問題点もある。施設そのものよりも、金銭的な動機づけが主となるので、本質的な解決とは言えない。

廃棄物処理の公共性を考えると、地域住民に対してのみの便宜供与ではなく、より広く一般市民への便益が提供できることが望ましい。焼却施設の排熱を地域暖房給湯に使えると、住民はその便益のために施設建設を受け入れやすい。デンマークでは地域暖房のシステムにごみ焼却施設が連結され、エネルギー供給施設として位置づけられている。地域暖房のインフラ整備が整っていない日本では熱供給の範囲も限定され、利用は寒冷地に限られるが、電力供給ならば自治体全体としての大きな便益となる。最近では、災害発生時のエネルギー供給など、防災拠点とする考えもある。

一方、埋立地は跡地の利用が魅力的である。計画段階から埋立終了後の広い土地を有効に使うことを考えるならば、埋立は一時的な利用であり、将来の利用を早めるためのごみの分別や前処理など、ごみ処理システム全体を見直すことにもなる。また環境教育の場としても、埋立地はふさわしい。焼却施設の見学は、ごみピット、中央制御室などをガラス越しに見るだけで、高度な技術でしっかりと処理しているとの印象を与える。これに対して埋立地はごみ処理の最後にどのようなものが埋め立てられるかを見ることができ、分別や資源化の重要性を理解しやすい。従来のごみ処理施設は住宅地から遠い、見えない場所に建設することが多かった。これはごみ処理の大変な部分を遠ざけるのと同じである。屋根付き埋立地なら住宅地近くに建設ができ、アクセス性の高い環境教育の場にできる。

こうした方策によってプラス価値を与えられれば、廃棄物処理施設はNIMBYからPIMBY (Please In My Back Yard) へと転換することができる。

さらに詳しい情報

住民の反対・迷惑施設・健康リスクについては、

松藤敏彦：ごみ問題の総合的理解のために、技報堂出版、二〇〇七

の第9章、第10章にある。また旭川市最終処分場における検討内容については、
松藤敏彦、旭川廃棄物最終処分場監視委員会・協議会におけるリスク・コミュニケーション、都市清掃、六五（三〇八）、三四三〜三四七、二〇一二
に環境調査の見直しについて、および、浸出水処理の見直し、自主基準の改定については
松藤敏彦、吉田英樹、小寺史浩、鎌田昭範、尾崎理人、内藤諭、旭川市最終処分場における維持管理コスト削減の試み、都市清掃、七〇（三三七）、二四九〜二五四、二〇一七
にある。

第8章　適正処理を妨げている構造的な問題

法律におけるごみの分類

社会の規範やルールには従わなければならないが、ごみ処理に関するルールがいつも正しいとは限らない。最後の章として、廃棄物の分類や廃棄物処理の枠組みについての問題点を説明したい。

日本のごみ処理のもととなっている廃棄物処理法によって、廃棄物は大きく産業廃棄物と一般廃棄物に分けられている（図6・1参照）。「産業廃棄物」とは「事業活動に伴って」生じた廃棄物のうちの特定の二〇種類である。これ以外の事業系廃棄物と家庭から排出される廃棄物を合わせて「一般廃棄物」とした。オフィス、学校、小売店などのごみはおおよそ事業系一般廃棄物である。（おおよそとあいまいな表現とした理由は、あとで述べる。）一般廃棄物は市町村が、産業廃棄物は民間処理業者が処理を行うことになっているため、両者の区分はごみ処理において大変に重要である。また一般廃棄物と産業廃棄物にはそれぞれ有害なものが指定され、特別管理廃棄物と呼ばれている。

また「廃棄物」の定義は、「ごみ、粗大ごみ、燃えがら、汚泥、(中略)、動物の死体その他の汚物または不要物であって、固形状または液状のもの(放射性物質を除く。)」とされている。「不要(要るかどうか)」は所有者によって判断が異なるので、「有償で取引されるか」(つまり買ってもらえるかどうか)によって不要かどうかの基準としている。買ってもらえる価値のあるものは、廃棄物処理法上の廃棄物にはならない。

以上が日本の廃棄物処理の大元となる区分である。一見合理的に見えるし、特に問題があると思えないかもしれないが、実は課題も多い。

少し話はそれるが、廃棄物処理法はもっとも難解な法律のひとつと言われる。法に続いて規則、政令、通達、告示などがあり、法律○条△項→規則□→政令○というように、具体的なことは最後までたどらなければわからないようになっている。例えば廃棄物の試験方法は告示にあるなど、より大事なことは通達、告示にあることが少なくない。さらに頻繁に改正があるため、最新の内容を「正確に」理解することは大変難しいため、「解釈」の違いが生まれる。難解な部分はできるだけ避けて、説明を続けよう。

以下文中では、一廃(一般廃棄物)、産廃(産業廃棄物)と略称を使うことにする。

一般廃棄物と産業廃棄物ははっきり分けられない

国や自治体の施策、担当部署、実態調査や統計、処理施設と処理業の許可は、すべて一廃と産廃が区別されている。一方、市民が普段知る機会があるのは主に家庭から排出された一廃であり、産廃には「危ない、怖い、汚い」といった負のイメージがまとわされる「差別」もある。

産廃の分類を表8・1に示す。表の一九種類を処理したものを加えて、二〇種類である。これら一九種類が指定された経緯は不明だが、筆者が「注目する主な特性」としてグループ分けしたように、いくつかの異なる視点がある。さらに、種類によって業種が

表8・1　産業廃棄物の種類

注目する特性	業種指定あり		業種指定なし
	業　種	種　類	種　類
排出プロセス	と畜場	動物系固形不要物	燃え殻
	畜産農業	動物のふん尿	鉱さい
	畜産農業	動物の死体	がれき類
			ばいじん
液状			廃油
			廃酸
			廃アルカリ
外見	食料等の製造業	動植物性残渣	汚泥
素材	建設業，製紙業，出版業，製本業など	紙くず	廃プラスチック類
	建設業，木材・木製品製造業など	木くず	ゴムくず
	建設業，繊維工業など	繊維くず	金属くず
			ガラスくず，コンクリートくずおよび陶磁器くず

表８・２　事業活動・業種指定による一廃と産廃の判断の違い

廃棄物			廃棄物分類の解釈	
業種指定なし	①	市役所：事務作業で使用したボールペン	公共事業も事業活動	産廃
	②	オフィス：従業員が買ったコンビニ弁当の空き容器	従業員個人として買ったか，事業活動の一部かで判断は分かれる	（一廃）
業種指定あり	③	レストラン：揚げ物などに使用した廃食用油	廃油は排出業種限定がない。事業活動に伴って生じたもの	産廃
	④	レストラン：客の食べ残しや厨房の調理かすなどの食品廃棄物	動植物性残渣だが，中華レストランは食料品製造業などに該当しない	一廃
	⑤	カット野菜の製造会社：キャベツの芯などの野菜くず	カット野菜製造業は「その他の食料品製造業」に該当する	産廃
	⑥	スーパーマーケット：賞味期限切れで廃棄処分する精肉	動植物性残渣にあたるが，スーパーマーケットは食料品製造業に該当しない	一廃
	⑦	元大工：古くなった自宅の一部を自分で解体して出た廃木材	自ら解体したので「事業活動」ではない	一廃

指定されているものとそうでないものがあるので、表の左と右に分けた。これに「事業活動」かどうかという視点が加わり、産廃、一廃どちらになるかの判断が難しくなっている。

まず、業種指定がない廃棄物（表右側）を見てみよう。このときは、「事業活動に伴うかどうか」が判定基準となる。がれき類、燃えがらなどは、家庭から排出されることがないので産廃であることは明白だが、廃プラスチック類、金属くずなどには業種指定がない。したがって、ボールペンは家庭で使えば一廃であるが、それを職場に持っていって捨てたら産廃になる。スチール製の机などの什器類も同様である。灯油は事業所で廃棄物になると産廃（廃油）である。このようにどこから排出するかで、一廃にも産廃にもなってしまう。家の解体はがれき類、木くずになるが、自分で解体したら事業活動ではないので一廃になる。

表の左は業種指定があるもので、紙くず（製紙業、出版業など）、動物のふん尿（畜産農業）などは容易に区別できる。しかし「動植物性残渣」は「製造業において原料として使用したもの」とされるので、製造業かどうかで分かれてしまう。レストランの食べ残し、厨房の野菜くず、スーパーマーケットの賞味期限切れの精肉、これらはレストラン、スーパーマーケットが製造業に当たらないので一廃だが、廃油には業種指定がないのでレストランの廃食用油は産廃である。飲食店にカット野菜を卸しているところは製造業なので、その野菜くずは産廃である。これらの例を表8・2に示すが、ほんの一部にすぎない。

動植物残渣の範囲は、大変に広い。北海道では、エゾシカの増加による農作物被害が増加し、毎年一〇万頭以上が狩猟または捕獲されている。狩猟後にそのまま処分されるときは一廃だが、食肉加工場で処理された残渣は、製造プロセスから排出されたので産廃となる。沿岸部のコンブ漁では、食用とする葉体とともに根株が不要物として残る。加工場で除かれた根株は産廃、収穫後に現地で捨てる場合は一廃になる。市場で捨てられる魚のアラ（内臓）は産廃、漁師が捨てれば一廃である。

産業廃棄物の種類もあいまい

産廃の中の分類も、あいまいである。家庭系ごみを見慣れていると、ガラスびん、スチール缶・アルミ缶、古紙などの資源物や、ごみの中身も紙類、プラスチック、金属など、分別は容易に思える。せいぜい、燃やせるごみか燃やせないごみかの分別くらいであろう。しかし産廃は、表8・1の名前どおりのものがきれいな状態で存在することばかりではない。

まず混合物、複合物がある。使用済みの塗料は、中身は塗料で容器は金属、廃タイヤもゴムと金属である。石膏ボードは紙と石膏の混合物、畳はスタイロフォームの両面にワラが貼りつけられたものである。廃プラスチックは大部分がプラスチックといった程度で、他の素材の混入があるし、建設混合廃棄物は名のとおり様々なものから成っている。

また分類は二〇種類しかないので、どれに当てはめるかの判断が、市町村あるいは担当者によって分かれる。使用済みの廃活性炭は燃えがらのほか、排ガス処理で利用したものはばいじん、水処理で使用したものは汚泥との例がある。乾燥しているか濡れているかの違いも影響しているかもしれない。あとで述べる家庭で使用した農薬は、産廃として処理したときに汚泥、台所用洗浄剤は廃酸あるいは廃アルカリに分類された。つまり、消去法によって一番近い分類にするといった程度のものである。

以上のことから、産廃についてはひとつの分類名の中に様々な廃棄物が押し込められている。例えば、産廃のうち大きな割合を占める「汚泥」には、下水処理から発生する下水汚泥、建設現場で発生する建設汚泥が代表的であり、前者は有機性、後者は水分の高い残土である。レストランのキッチンにあるグリストラップにたまるごみや油脂なども、また有機性の汚泥である。

環境省の統計では、産廃の種類別のデータが掲載されている。例えば表8・1の分類ごとに発生量、再生利用率、減量化率、最終処分率が公表されているが、どんな廃棄物がどれだけの割合で含まれるかがわからない集計から、何を理解できるかは疑問である。

産廃処理においては、不法投棄を避けるため、排出から収集、処理、処分までの間で管理票が受け渡され、ごみとは逆の流れで管理票が排出者に戻されて、廃棄物が「適正に処理された」ことを確認できる仕組みがある。これはマニフェスト制度と呼ばれるが、有害物質の有無などの記載はあるものの、分類名ではそこに何が含まれているかわからないデータとなる。

廃棄物の分類が処理を非効率化している

これらの区分は、処理業者にとっては「分類が難しい」では済まない。処理業と処理施設は一廃と産廃とで別々の許可が必要なので、区分が誤っていると処理ができない、あるいは誤っていると違法になってしまうからである。処理施設の許可は表8・1の種類を申請するので、その分類が違ってもダメである。特に自治体を越えて輸送する場合には、一廃と産廃、産廃の分類の解釈が排出自治体と受入れ側自治体で異なると、「新たな許可が必要となる、許可取得に時間がかかる、あるいは処理できない」ことが起こり得る。さらには、自治体担当者の交代によって、以前とは違う分類になることもある。

廃棄物の「処理」という点から見ると、一廃と産廃の区分、産廃の二〇分類は、表8・3のような問題があ

表8・3　廃棄物分類と処理の問題

分類の問題	一廃と産廃	同じ廃棄物が一廃，産廃どちらにもなる（事業活動かどうか，指定業種に該当するかによる）
	産廃の分類	複合物，混合物の分類は，どこに注目するかで分類が変わる
		分類が20しかないので，無理にどこかに当てはめている（近いものに分類する）
		ひとつの分類には，さまざまな廃棄物が含まれている（名は中身を表さない）
	分類の不確実さ	分類は，自治体・担当者によって判断が異なる
処理の問題		同じ廃棄物であっても，一廃，産廃に分けられて別々の施設で処理される
		別の種類に分類された廃棄物が，結局は一緒に処理される（処理は名前でなく中身で判断している）

る。要約すると、まず分類については「同じ廃棄物が一廃／産廃どちらにでもなり、この分類も産廃の種類も判断する自治体・担当者によって変わる。」処理については「一緒に処理すべきなのに一廃／産廃で分けられ、逆に産廃は分類に関係なく処理されている」。産廃の処理の際に重要な情報は廃棄物の特性であり、排出事業者から提供される廃棄物データシート（ＷＤＳ）に基づいて処理を決定している。例えば焼却する際には、発熱量や水分を考慮して混合割合を調整して燃やしている。産廃の二〇分類は中身を表すものではないので、それだけでは処理の点でほとんど役に立たない。

欧米の処理は有害かどうかで分ける

欧米では、廃棄物の分類と処理は、完全に切り離されている。まず、一廃と産廃という日本の区分は世界的に見るとかなり特異的である。英語にはMSW（Municipal Solid Waste）という名称がよく使われる。直訳すると都市ごみであり、日本の一廃と同等と考えられがちであるが、まっ

表8・4　廃棄物発生源と欧米におけるMSWの範囲

	発生源の分類	内　容	
①	住居		MSW
②	商業	店舗，レストラン，オフィス，ホテルなど	MSW
③	公共施設	学校，病院，行政施設など	MSW
④	⑧の非プロセス系廃棄物		
⑤	建設・解体	新築・解体，道路補修など	
⑥	都市サービス	道路清掃，造園，公園，レクリェーション地域など	
⑦	処理プラント	浄水，下水，処理施設など	
⑧	工業	建設・解体、製造，発電，化学工場など	
⑨	農業	農場，果樹園，畜産など	

たく定義が異なる。ＭＳＷに含まれるのは、表8・4に示す産業等のうち、住居、商業、公共施設で[1]、発生源によるため区別は明確である。④は工業のうちの事務部門など生産工程以外から発生する廃棄物である。ＭＳＷを含む表8・4の分類は、発生源別の集計に用いられている。そして処理はこれらの発生源に無関係で、有害と非有害に分けているだけである。

これに対して、日本では②～④の発生源からでも業種指定のないプラスチック類、金属くず、ガラスくずは産廃となり、⑤～⑨も特定業種以外の紙くず、木くずは一廃となる。すなわち①の住居を除くすべての発生源から産廃、一廃の両方が排出される可能性がある。一廃、産廃ともに有害物があるため、結局分類数は四つになり、それぞれ収集と処理が異なる。産廃区分の創設は、排出者の責任を明確にすることも目的であったと思われるが、効率的な処理を考えなかったために、複雑となってしまった。処理施設の受入れ基準を明確にし、家庭系、事業系などの発生源によらず処理するのが合理的である。

家庭にも有害な廃棄物がある

産廃は有害とのイメージが強いが、家庭からも有害なものが排出され、欧米では家庭系有害廃棄物（HHW：Household Hazardous Waste）と呼ばれている。表8・5はＥＵのリストであるが、洗浄剤、塗料、殺虫剤、医薬品などであり、リサイクル施設など常設施設への持ち込み、イベント時の回

[1] G. Tchobanoglous, F. Kreit : *Handbook of Solid Waste Management* (*2nd ed.*), McGraw-Hill, 2002

表8・5　EUの家庭系有害廃棄物リスト

EUのHHWリスト	日本における回収の状況
自動車用バッテリー	販売店回収
蛍光管	有害ごみ，販売店回収
電池	有害ごみ，販売店回収
注射針	医療機関へ
廃電気電子機器	家電リサイクル，小型家電リサイクル
洗浄剤・溶剤 室内用殺虫剤 エンジンオイル 塗料，シンナー 屋外用除草剤，殺虫剤 医薬品 プロパンガスボンベ 灯油，軽油，ガソリン	回収システムなし

収、年数回の車両による回収など、様々な方法で回収されている。日本にも電池や蛍光管の市町村回収のほか、自動車バッテリーは販売店回収、廃電子機器類は家電リサイクル、小型家電リサイクル、最近では、水銀含有製品は、自治体による回収とともに、薬局店頭における回収があるが、塗料、農薬類、医薬品、灯油などについては未回収のままで、多くの市町村で「排出禁止物」に指定している。

筆者らは、二〇一四年九月から五か月にわたり、旭川市において全市対象の回収試験を行った。予想をはるかに超える製品が持ち込まれたが、住民が処理に困っていたことの表れである。回収の際の聞き取りでは、「両親が保管していた」「トイレ掃除に塩酸を使っていた」「農薬や肥料が古くなった」「塗料を使い切れず余った」などの様々な事情があり、回収試験の実施に大変感謝された。全国自治体を対象とした調査では、排出禁止物とした廃棄物について「専門の処理業者、販売店に相談してください」とするところが多かった。しかし問い合わせ先のリストがなく、あっても収集のみ、許可がないので処理できないところが多かった。販売店は引き取ったとしても処理費用を負担しなければならないし、そもそも回収の義務がないので販売店、メーカーが引き取ることは考えられない。そのため、市民はやむを得ず家庭に退蔵することになる。

表8・5のように、日本では、問題となった製品についての部分的対応を繰り返している。欧米のパンフレットには子どもが誤って飲んでしまう写真などが使われているが、産廃が危ないという前に、住民の健康リスクとなる家庭系有害物の総合的対応を考えなければならない。放置しているのは、国と自治体の責任である。

市町村による一般廃棄物処理が非効率化を生んでいる

廃棄物処理法では、「市町村は、当該市町村の区域内の一般廃棄物の処理に関する計画を定めなければならない」としている。「計画」だけでよいとも読めるが、それが「区域内の一般廃棄物」を「処理」する責任があると解釈されている。これを「自区域内処理」という。収集や処理が不十分であった時代は、自らの廃棄物を責任もって処理することは正しい方向性であった。ところがこれには重大な弊害がある。

ひとつは小規模施設の経済非効率性である。ごみ処理施設は、規模が大きくなるほど規模あたりの建設費、維持管理費が低くなるというスケールメリットが生じる。ところが日本は人口規模の小さな自治体が多いので、例えば一廃の埋立地は約一七〇〇もあり（終了を含む）、うち半分は埋立面積が一ヘクタール以下である。規模が小さくても作業は同じで水処理施設も備えるので、処理単価は大変に高くなる。自治体内で処理を完結しようとすると、大型ごみ処理施設、焼却施設、埋立地をすべてもつことになり、これらすべてにスケールデメリットが発生する。資源化が進むと、選別施設も自前ということになる。

自区域内処理は、逆手にとると外部からのごみを拒否するとの態度になる。「外からのごみは迷惑である、自分たちで処理するのが当然だ」というわけである。市町村内での施設建設に反対するのと同様に、地域間のニンビーと言える。複数の小規模市町村がごみ処理を共同して行うために組合をつくることがある（自治体の事務のひとつであるごみ処理の組合との意味で、「一部事務組合」という）。これと同じように自治体の規模が大きい場合にも共同して「広域処理」を行うと、ごみ処理は効率化できる。しかし、互いの間にニンビーが働き、どこに施設を建設するかの決定が難しい。住民にとっては「なぜ他市町村のごみまでうちで処理するのか」と反対が強まり、広域処理計画が進まないことが多い。たまたまできた自治体の境界を意識し、その内か外かで態度が分かれるのは、まったく奇妙なことである。

産廃は危ないという誤解

施設建設に対する反対は、一廃よりも産廃の方が圧倒的に大きい。怖い、危ないと思われているようだが、そうだろうか。表8・1に示した汚泥、がれき類、動物のふん尿などは家庭から排出される廃棄物とは中身がずいぶん違うが、危ないとはいえない。廃プラスチック類、木くず、紙くず、ガラスくずなどは家庭からも排出され、有害性はない。こうした内容を知らずに、産廃は有害だと思っている人が多いのではないだろうか。

まず理解しなければならないのは、一廃も産廃も有害な廃棄物は特別管理廃棄物として、収集も処理も別に行われていることである。産廃のうち廃油、廃酸、感染性廃棄物、ＰＣＢ、廃石綿などは種類による指定であり、それ以外には溶出試験の基準を超えるものが有害とされ、通常の産廃処理施設では処理されない。産廃処理では排出者と受入れ契約を結び、廃棄物の種類と特性が明記されており、受入れ時に契約と異なる廃棄物であることが分かったならば持ち帰りを求める。廃棄物は、搬入車両の目視、埋立地内に降ろし広げて確認し（展開検査という）、内容物の抜き取り検査も行われる。これは浸出水に予期せぬ物質が検出されたならば、埋立地の運営に大きな支障となるからである。

第7章で述べたように、有害かどうかの判定基準は排水基準と同じ、排水基準は飲料水基準の一〇倍である。「一〇倍に薄めれば飲み続けても大丈夫」な濃度以上だと有害とされてしまうということである。またこの試験方法は、水の中で激しく振り混ぜ溶け出した量を測定するが、現実の埋立地内ではこのような状態は起こり得ない。有害かどうかの基準がきわめて安全側の設定であることも、是非知ってほしい。

一方、市町村の埋立地（一般廃棄物最終処分場）での受入れは展開検査も抜取り検査も行われていない。車両から埋立地に降ろした廃棄物は、ブルドーザーなどで押し広げられるだけである。家庭系有害廃棄物である塗料、農薬、医薬品などが、ごみ中に排出されているかもしれない。一廃は無害、産廃は有害とは、まったくの思い込みである。

事業効率性の高い産業廃棄物処理

市町村が所有する焼却施設は、外見がきれいで、煙突がなければごみ処理施設とは気づかないほどである。中に入るとロビー、見学者通路、講義室、中央制御室、管理事務室などがある。一方産廃の焼却施設は、建物はなく設備がむき出しになっており「工場」のように見える。なぜこのような違いが生じるのだろうか。

市町村の施設に対して、交付金制度があるためである。交付金の対象設備は決められていて、その合算額の二分の一〜三分の一が自治体に交付される。建設費の不足分については処理事業として起債すると、一定の充当率で国からの地方交付税措置がとられ、自治体の実質負担はその残りでよいことになる。すなわち、大幅な値引きで立派な処理施設を建設できる仕組みとなっている。交付金には設備に条件[2]があり、それが過剰であっても守らなければ交付金がもらえない。その代表例が炉数である。焼却施設は一か月程度の定期整備が必要だが、「一炉のみ停止し、他炉は原則として常時運転する」とされている。そのため二〜三の炉を並列としており、すべての炉を運転するのは年に半分程度である。そのため施設の運転能力に対する実処理量の比は、六〇〜七〇パーセント程度にすぎない。災害発生時に役立つ余裕として重要であるとの見方もあるが、日本中で平常時に処理能力の三分の二しか使っていないというのは、無駄としか言えない。

産廃の焼却施設は、交付金の手当てがないため効率的に計画されている。化学プラントや製鉄所などと同じように建屋がないのが一般的で、中身は一廃の焼却施設と同じである。むしろ建屋がないと機器類の更新や追加が容易になる。建屋内の換気エネルギーは大変に大きいが、それも不要である。一般廃棄物焼却施設の建設費に占める建屋の割合は六〇%を超えると言われ、それも節約できる。定期整備による停止時は、他の処理業者へ処理を依頼して、通常の稼働率はほぼ一〇〇%である。また一廃の焼却施設のように、排ガス基準を自ら上乗せして低く定めるようなことはない。ばい煙発生施設はごみ焼却施設以外にもたくさんあるが、それらの施設で自主基準を設定しないのと同じである。

市町村の知識蓄積を妨げる人事異動

かつて、大都市の自治体には焼却施設を設計できるごみのプロがいた。焼却施設の新規技術を審査する委員会では中心的存在で、焼却炉メーカーも学ぶことが多かったと聞いている。ごみのことなら何でも知っている職人のような人も、各地にいた。しかし現在は、そうしたプロは皆無に近くなっている。頻繁に配属を変える人事異動制度のためである。

短期間の人事異動は、幅広い知識をもち、多様な適応能力を備えたジェネラリストの養成を目的としているらしい[3]。そのためには、異なる職場をできるだけ多く、それも短い周期で経験させることが必要と考えられた。しかし現在のごみ処理は、可燃ごみと不燃ごみを分け、焼却でかさを減らし、ごみ量を将来予測し、施設建設計画を立てていた二〇年前とは大きく変化した。有害物に対する対応、環境への関心の増大、資源化の推進、分別数の増加、低炭素化技術の採用など、大変に複雑となっている。対象別の縦割り化のため、担当する範囲はごみ処理のごく一部となる。異動周期は二～三年で、しかもまったく異なる分野間を異動する。着任後は新たな仕事への即時の順応が求められ、馴れたころには次の部署へと異動となる。改善すべきものがあったとしても、自分もまわりも仕事が増

[2] 環境省、廃棄物処理施設の発注仕様書作成の手引き（標準発注仕様書及びその解説）
[3] 石井淳平、自治体職員のキャリア形成と専門性、第三三回地方自治研究全国集会
http://www.jichiro.gr.jp/jichiken_kako/report/

え、しかも失敗のリスクがある。何より短期間で部分しか見ないので、問題点があるかどうかもわからない。これでは新たなことに手をつける動機は生まれず、業務の継続が目的化してしまう。

短期の異動は知識の蓄積を困難とし、プロフェッショナルを育成できない。個人もそうだが、組織としての蓄積ができないことは重大な問題である。ごみの担当者は、市民を指導する立場にあるからである。新たな配属先では、知識は不足していてもプロとしての対応を迫られることもあるだろう。

産廃処理は、それを職業とするプロである。もうけることばかりと批判されることもあるが、事業の採算を考えるのは当たり前である。処理業は、収集、資源化、焼却、埋立のうち複数を業としているため、全体の連続性を考えて効率の悪い部分を見直すだろう。自治体は税金を使っているのだから、収支を明らかにして問題を見つけ、改善を図る役割がある。

プロの産廃処理業者を自治体が指導する矛盾

廃棄物処理法が制定されたとき、産廃処理施設の設置は届出制であった。しかし不法投棄、ダイオキシン問題等によって住民の不信感が増したことから許可制となり、その後処理施設設置手続きとして生活環境影響調査（アセスメント）、申請書等の公開（告示・縦覧）、関係市町村の意見聴取、専門的知識を有する者の意見聴取が盛り込まれた。最終的には、都道府県知事等が許可の判断を下す。ところが、これらの法手続きの前に都道府県、政令市が条例等により「事前手続き」を設けており、その長期化によって費用の増加、最新設備の導入ができないなどの問題が生じている。数年かかることは、珍しくない。そのいくつかを紹介しよう。

ごみ処理施設のアセスメントは騒音、振動などの生活環境への影響を評価するだけでよい。しかし大規模公共事業に対する環境アセスメントと同様に動植物等の生態系の調査を求めることがある。保護対象の木々や草花の調査が必要で、用地外に移植するなどに時間がかかる。これはアセスメントの上乗せである。さらに埋立地増設の場合は現状のデータがあるので省略してもよさそうだが、再度のアセスメントを求めることもある。担当者が交代したための再度の説明、法手続きにおける専門委員会のための事前準備、提出資料の細部の修正なども、時間を消費する。法手続きに従って十分に議論すればよさそうだが、その前の協議のため二度手間になり、さらに前の「事前相談」というのもある。「事前」は手続きをスムーズに進めるためなのだろうが、もし重要なことはすでに片づけられているとしたら、専門委員会の役割は何だろうか。

また、処理業者は許可を必要とするため日常的な指導を受ける。例えば、埋立地における覆土の施工である。覆土は廃棄物の飛散、悪臭などを防止するために必要とされる。これらの心配がない埋立地でも「法に従って一定の厚さの覆土が必要」とされ、掘り起こして「覆土をきちんとしているか」を行政が厳しく検査することもまれではない。廃棄物の埋立量が減少すると、埋め立てられているのは「土ばかり」になってしまう。これは処理の内容ではなく、「法令の遵守」が目的化されていることによる。

適正処理とは最小の環境影響で処理すること

本来の適正処理とは「環境への影響を最小化するよう廃棄物を処理すること」のはずだが、法や条例を守ることが目的化している。「適正処理＝法の遵守」と考えられ、事業者を指導監督する立場の行政は、熱心であればあるほど厳格に守ることを求めることになる。廃棄物の分類に見られたように、法や条例におかしいところがあってもである。

施設建設の許可審査は、かなり厳格に行われる。しかしもっとも大切なことは「環境、人の健康への影響を最小化するよう処理を行うこと」、つまり運転開始以降の管理である。トラブルゼロの施設はあり得ない。施設は構造基準や維持管理基準を満足するよう設計されていればよしとし、施設の点検、モニタリング、測定値等の公開を含めて、ライフサイクルにわたる適正な管理を重視すべきである。日常の運転管理計画、緊急時対応計画なども評価すべきである。

一方、自治体が建設する施設は届出だけでよい。「許可」は必要ないので、上記の事前審査もない。民間事業者のプロフェッショナル度は、自治体に比べれば圧倒的に高い。「許可」のプロセスにおいて、アマがプロを指導するというのはおかしな話である。プロの処理業者に対して「許可」が必要で、自治体が行う場合は「届出」でよいのだろうか。「自治体が行う処理には問題がない、民間業者は指導しないといけない」とは、決して言えない。産廃と一廃の区分、産廃の分類、事業者に対する自治体の許可などは、見直すことが大変に難しそうである。処理の民営化も、一廃と産廃のすみわけが進んでいるため簡単ではない。少なくとも適正処理とは法の遵守とは違うことに気づいてほしい。そして本来の適正処理のためには、処理のプロである処理業者とは上下関係ではなく信頼関係に基づくパートナーとなることを望みたい

さらに詳しい情報

処理業者に対する自治体指導の問題については、

松藤敏彦、アセス制度を含めた事前協議長期化に関する調査—施設設置における行政の役割とは何か、いんだすと、三二（六）、一六～二一ページ、二〇一七

ごみの分類があいまいであることは、

松藤敏彦、廃棄物の区分とマニフェスト分類にみられる不合理—柔軟、効率的な廃棄物処理のカタチとは、いんだすと、三二（一一）、一八～二七ページ、二〇一七

において説明している．また、家庭系有害廃棄物については、

松藤敏彦、家庭系有害廃棄物の現状把握と回収システムの必要性、生活と環境、六〇（八）、六四～六八ページ、二〇一五

に概要を、および

北海道大学廃棄物処分工学研究室、家庭系有害廃棄物（ＨＨＷ）の現状把握と回収システム構築のための研究、二〇一四

に、試験回収において回収された製品の詳細をまとめている。家庭系有害廃棄物に対する自治体の対応状況は、

松藤敏彦、佐藤法世、中村優、家庭系有害廃棄物に関する住民・自治体・処理業者の対応状況、廃棄物資源循環学会論文集、二二（四）、二三二～二四二、二〇一一

で報告している。ごみ焼却施設の稼働率などの詳細は、

北海道大学廃棄物処分工学研究室、一般廃棄物全連続式焼却施設の物質収支・エネルギー収支・コスト分析、二〇一二
で紹介している。

おわりに

「ごみ」研究の世界に飛び込んでから、三六年が過ぎた。最初の研究はごみ収集車を追跡して作業時間を分析し、ごみの収集量変動を解析することであった。化学分析や実験が得意ではなく、収集の研究があまり行われていないと考えたからである。だが、収集量とは市民のごみ排出行動を表すものであって、結果的にごみが発生するところからのスタートとなった。その後、ごみの流れをたどるように資源選別、家電リサイクル、堆肥化、メタン発酵、焼却、埋立などの施設や、住民意識や処理コストなども研究対象としてきた。データを収集し、施設で試料を採取し、アンケートで調査するなどして調べてみると、その都度新たな発見があった。先行研究のない対象は数多くあり、「こうなっているんだ」と何かが分かったと感じる瞬間は、格別であった。と同時に、様々な問題に気づくことにもなった。目的も結果もあいまいな施策、根拠のない思い込みによる無駄、きちんとした評価のないまま採用される処理技術などに、いつのころからか強い失望を覚えるようになった。

本書は、これまで蓄えてきた「伝えたいこと、知ってほしいこと」を書き出したものである。マテリアルフローや物質収支など、筆者が用いてきた研究手法をまとめた前著『環境問題に取り組むための移動現象・物質収支入門』と本書は、ごみ研究者としての集大成といってよいかもしれない。社会への発信方法としてはＳＮＳなどもあるけれども、後々まで残り、内容に関しての責任を背負うことになる書籍とすることが、研究者としては最良の方法であり、役割と考えている。大学での研究生活が一年余りとなったいま、この二つを世に出すことができ、心底ほっとしている。そして、両書を出版していただいた丸善出版に、深く感謝している。

松藤敏彦

ら・わ

た

な

さ

索　　引

数字・欧文

あ

か

著者紹介
松藤　敏彦（まつとう・としひこ）
1983年，北海道大学大学院工学研究科博士課程修了．同年，工学博士．2014〜2016年，廃棄物資源循環学会会長．2019年4月より北海道大学工学研究院特任教授．専門は廃棄物工学．

科学的に見る
SDGs時代のごみ問題

令和元年12月20日　発　行

著作者　松　藤　敏　彦

発行者　池　田　和　博

発行所　丸善出版株式会社
〒101-0051 東京都千代田区神田神保町二丁目17番
編集：電話(03)3512-3266／FAX(03)3512-3272
営業：電話(03)3512-3256／FAX(03)3512-3270
https://www.maruzen-publishing.co.jp

組版印刷・中央印刷株式会社／製本・株式会社 松岳社

ISBN 978-4-621-30471-6　C 3051　Printed in Japan